Wissenschaftliche Taschenbücher WTB

Mathematik · Physik

A. A. Smirnow

Metallphysik

Akademie-Verlag · Berlin

HARRY PFEIFER
Leitungen und Antennen
Elektronik für den Physiker IV

HARRY PFEIFER
Mikrowellenelektronik
Elektronik für den Physiker V

HARRY PFEIFER
Halbleiterelektronik
Elektronik für den Physiker VI

GERHARD HÜBNER / KLAUS JUNG / ECKART WINKLER
Die Rolle des Wassers in biologischen Systemen

STEPHEN G. BRUSH
Kinetische Theorie, Teil I und II
Einführung und Originaltexte

EBERHARD HOFMANN
Eiweiße und Nucleinsäuren als biologische Makromoleküle
Dynamische Biochemie, Teil I

EBERHARD HOFMANN
Enzyme und energieliefernde Stoffwechselreaktionen
Dynamische Biochemie, Teil II

EBERHARD HOFMANN
Intermediärstoffwechsel
Dynamische Biochemie, Teil III

EBERHARD HOFMANN
Grundlagen der Molekularbiologie
und Regulation des Zellstoffwechsels
Dynamische Biochemie, Teil IV

HERBERT GOERING
Elementare Methoden zur Lösung von
Differentialgleichungsproblemen

PETER KRUMBIEGEL
Isotopieeffekte

D. M. BRINK
Kernkräfte. Einführung und Originaltexte

DIETER ONKEN
Steroide
Zur Chemie und Anwendung

HEINZ GEILER
Ökologie der Land- und Süßwassertiere

ARTHUR P. CRACKNELL
Angewandte Gruppentheorie. Einführung und Originaltexte

DIETER KLAUA
Elementare Axiome der Mengenlehre

GÜNTHER TEMBROCK
Grundlagen der Tierpsychologie

J. F. VINSON
Optische Köhärenz in der klassischen Theorie und in der Quantentheorie

W. R. HINDMARSH
Atomspektren. Einführung und Originaltexte

GÜNTHER TEMBROCK
Biokommunikation
Informationsübertragung im biologischen Bereich
Teil I und II

ADOLF ZSCHUNKE
Kernmagnetische Resonanzspektroskopie in der organischen Chemie

DIETER MERKEL
Riechstoffe

JOHN CUNNINGHAM
Vektoren

GEORG DAUTCOURT
Relativistische Astrophysik

ERNST SCHMUTZER
Symmetrien und Erhaltungssätze der Physik

GERHARD LERCH
Pflanzenökologie

MICHAEL GÖSSEL
Angewandte Automatentheorie, Band I
Grundbegriffe

MICHAEL GÖSSEL
Angewandte Automatentheorie, Band II
Lineare Automaten und Schieberegister

HEINRICH KINDLER
Der Regelkreis. Eine Einführung

A. R. KESSEL
Akustische Kernresonanz

DIETER KLAUA
Grundbegriffe der axiomatischen Mengenlehre, Teil I und II

JOACHIM NITSCHMANN
Entwicklung bei Mensch und Tier

DIETRICH BENDER / ERMNST-EGON PIPPIG
Einheiten, Maßsysteme, SI

SIEGFRIED HAUPTMANN
Über den Ablauf organisch-chemischer Reaktionen

HANS-MARTIN BARCHET
Chemie photographischer Prozesse

A. A. SMIRNOW
Metallphysik

Vorschau auf die nächsten Bände:

KLAUS ODENING
Parasitismus. Grundfragen und Grundbegriffe

WOLFGANG PAULI
Vierpoltheorie und ihre Anwendung auf elektrische Schaltungen

R. A. R. TRICKER
Die Beiträge von Faraday und Maxwell zur Elektrodynamik

GERALD WOLF
Neurobiologie

WTB

BAND 133

A. A. Smirnow

Metallphysik

Eine Einführung in die Natur des metallischen Zustandes

Mit 42 Abbildungen

AKADEMIE-VERLAG · BERLIN

Reihe MATHEMATIK UND PHYSIK

Herausgeber:
Prof. Dr. phil. habil. W. Holzmüller, Leipzig
Prof. Dr. phil. habil. A. Lösche, Leipzig
Prof. Dr. phil. habil. H. Reichardt, Berlin
Prof. Dr. phil. habil. K. Schröder, Berlin
Prof. Dr. phil. habil. K. Schröter, Berlin
Prof. Dr. rer. nat. habil. H.-J. Treder, Potsdam

Übersetzung aus dem Russischen:
Phys. S. Siegel

Bearbeitung der deutschen Ausgabe:
Dr. K. Eichler

Titel der Originalausgabe:
А. А. Смирнов, физика металлов
Verlag Nauka, Moskau

1974

Lizenznummer: 202 · 100/438/74
Herstellung: VEB Druckhaus „Maxim Gorki", 74 Altenburg
Bestellnummer: 761 788 4 (7133) · LSV 1184
Printed in GDR
EVP 8,–

Vorwort des Herausgebers

Die Festkörperphysik ist eine derjenigen Wissenschaftsdisziplinen, die in den letzten fünfzehn Jahren eine außerordentlich schnelle Entwicklung durchlaufen haben. In ihren Teilgebieten trifft das neben der Halbleiterphysik speziell auch auf die Metallphysik zu. Die von den Metallphysikern bereitgestellten Ergebnisse und theoretischen Überlegungen finden in steigendem Maße Eingang in angewandte Zweige der Forschung, insbesondere in die Werkstoffwissenschaften. Bekanntlich nimmt die moderne Werkstofforschung eine Schlüsselstellung in der gesamten technischen Weiterentwicklung ein.

Das vorliegende Bändchen bietet eine kurzgefaßte Einführung in das umfangreiche Gebiet der Metallphysik. Es werden nahezu alle wichtigen und wesentlichen Probleme mit der gleichen Knappheit abgehandelt. Daher erscheint es besonders für Leser geeignet, die sich aus beruflichen Gründen oder aus Neigung über das betreffende Gebiet informieren wollen. Spezialkenntnisse werden nicht vorausgesetzt, bewußt stellt der Autor physikalische Überlegungen in den Vordergrund und verzichtet auf die mathematische Formulierung der vorgebrachten Gedanken.

Da der Autor selbst keine weiterführenden Literaturhinweise gibt, möchte ich den interessierten Leser besonders auf das Lehrbuch „Metallphysik" von Prof. G. E. R. Schulze hinweisen (Akademie-Verlag, Berlin 1974). Darin findet er das meiste in wesentlich vertiefter Form wieder, ferner auch eine Zusammenstellung von Spezialliteratur.

Zu diesem Bändchen sei noch gesagt, daß die Fassung des Originals ohne wesentliche Änderungen beibehalten wurde. Abweichend vom Original wurden allerdings Zahlenwerte, bis auf wenige Ausnahmen, im MKSA-System angegeben, das sich in der Literatur mehr und mehr durchzusetzen beginnt.

K. Eichler

Vorwort

Die moderne Metallphysik ist ein sehr spezielles und kompliziertes Wissenschaftsgebiet. Die Darstellung vieler Ergebnisse auf einzelnen Teilgebieten ist oft mit der Anwendung eines umfangreichen mathematischen Formalismus verbunden, der nur Spezialisten zugänglich ist. Damit im Zusammenhang entstand der Gedanke, eine Darstellung der Grundlagen der Metallphysik zu geben. Sie sollte einerseits einen genügend großen Kreis von Fragen behandeln (einschließlich einiger schwieriger und verfeinerter Fragestellungen, die erst in allerletzter Zeit erarbeitet wurden). Andererseits müßte sie aber auch kurz und leicht verständlich für einen breiten Kreis von Lesern sein, die keine spezielle physikalische Ausbildung besitzen. Selbstverständlich kann man bei einer solchen Aufgabenstellung Vollständigkeit und Strenge der Darstellung nicht aufrechterhalten. Deshalb erhält das Buch notwendigerweise einen qualitativen Charakter und kann nur als ganz allgemeine Einführung in die Probleme dieses Fachgebietes dienen.

Das Ziel dieser Darstellung ist es, den Leser kurz mit den modernen Vorstellungen von der Natur der Metalle bekanntzumachen. Es sollen die in Metallen ablaufenden Prozesse beschrieben und die Faktoren behandelt werden, die die vielfältigen Eigenschaften der Metalle und Legierungen bestimmen.

Die Darstellung erfolgt ohne Anwendung eines mathematischen Apparates. Nur hin und wieder werden ganz elementare Formeln eingeflochten.

Das Buch wendet sich an Leser, die eine allgemeine Vorbildung in den Grundfragen der Physik besitzen, insbesondere auf dem Gebiet der Physik der elektrischen und magnetischen Erscheinungen, aber auch im Bereich der Atomphysik. Ebenfalls ist es natürlich für all die Interessenten gedacht, die sich mit den Grundideen der Metallphysik vertraut machen möchten.

Es ist zu bemerken, daß die kurzen Zusammenfassungen zu einigen dieser Fragen nur dazu gedacht sind, dem Leser, der voraussetzungsgemäß schon mit den entsprechenden Abschnitten der Physik vertraut ist, die grundlegenden Fakten ins Gedächtnis zurückzurufen. Um fundamentale Darstellungen auf dem Gebiet der Atomphysik, der Physik magnetischer Erscheinungen u. a. ausführlicher studieren zu können, muß der Leser umfassendere populärwissenschaftliche Schriften und Lehrbücher zu Rate ziehen.

Der Autor setzte es sich nicht zum Ziel und besaß auch in einem solch kleinen Buch gar nicht die Möglichkeit, die Geschichte dieser oder jener Entdeckung zu betrachten. Deshalb werden in der Regel auch keine Daten und Namen von Wissenschaftlern angegeben, die mit den erwähnten Fakten verbunden sind. Ausnahmsweise geschieht das lediglich in ganz wenigen Fällen. Der Autor hielt es auch im Rahmen des vorliegenden Buches, das nicht den Charakter einer Monographie trägt, für unzweckmäßig, Hinweise auf Literaturquellen zu geben. In diesem Buch ist nicht beabsichtigt, die mannigfaltigen praktischen Anwendungen spezieller Eigenschaften von Metallen ausführlich zu betrachten. Ebenso kann auch auf Fragen werkstoffkundlichen und methodischen Charakters nicht erschöpfend eingegangen werden. Die im Text gemachten derartigen Angaben sollen nur als Illustrationen dienen und erheben keinen Anspruch auf Vollständigkeit. Die Auswahl einer solchen Art der Darstellung hängt in bedeutendem Maße damit zusammen, daß in der populärwissenschaftlichen Literatur schon Bücher existieren, in denen das Hauptaugenmerk nicht so sehr auf die physikalischen Grundgedanken als vielmehr auf die praktische Anwendung der Eigenschaften von Metallen und auf die Methodik experimenteller Untersuchungen gerichtet ist.

Beim Abfassen des Buches konnte ich auf meine Broschüre „Moderne Vorstellungen über die Natur der Metalle“ zurückgreifen, die in ukrainischer Sprache im Jahre 1966 beim Verlag „Snanie“ der Ukrainischen Sozialistischen Sowjetrepublik erschienen ist. Das darin enthaltene Material wurde beträchtlich überarbeitet und auf mehr als das Doppelte erweitert.

A. Smirnow

Inhaltsverzeichnis

Einleitung

Der in den letzten Jahren zu beobachtende und in der Geschichte der Menschheit noch nie dagewesene Aufschwung der Technik wurde erst durch Ausnutzung der vielfältigen Errungenschaften der modernen Physik möglich. Die Entwicklung der Kernenergetik und der Kosmonautik dienen dafür als markanteste Beispiele. Die außergewöhnlichen Erfolge in diesen Bereichen wären ohne die Ausnutzung der auf dem Gebiet der Festkörperphysik entwickelten Ideen undenkbar. Die heutige rasante Entwicklung setzte unter anderem die Anwendung mannigfaltiger Materialien voraus, deren Herstellung nur auf der Grundlage dieser Forschungsergebnisse möglich war.

Unter diesen Materialien nehmen die metallischen Werkstoffe einen der wichtigsten Plätze ein. Metalle und Legierungen finden in den verschiedensten Zweigen der Volkswirtschaft eine breite Anwendung. Die sich schnell entwickelnde moderne Technik stellt an die metallischen Werkstoffe immer wieder neue Forderungen, wobei für die verschiedenen praktischen Belange Metalle und Legierungen mit ganz speziellen Eigenschaften benötigt werden.

Die Entwicklung der Elektrotechnik wäre ohne geeignete Leitermaterialien, d. h. ohne die Ausnutzung der hohen elektrischen Leitfähigkeit der Metalle, unmöglich gewesen. Sogar ein solches Phänomen wie die Supraleitung, die noch vor einigen Jahren überhaupt keine praktische Bedeutung zu besitzen schien, wird in der heutigen Zeit immer umfassender beim Bau von Datenverarbeitungsanlagen, im wissenschaftlichen Gerätebau, zur Herstellung supraleitender Magnete und anderweitig ausgenutzt. Die magnetischen Eigenschaften metallischer Materialien und insbesondere ferromagnetischer Legierungen finden in breitem Maße bei der Herstellung von Generatoren, Elektromotoren, Permanentmagneten und verschiedenen Apparaturen Anwendung. Die Fähigkeit der Metalle, bei hohen Temperaturen oder unter Lichteinwirkung Elektronen zu emittieren, wird bei der Herstellung von Elektronenröhren und Fotoelementen ausgenutzt. Die Metalle besitzen ferner charakteristische optische Eigenschaften, insbesondere liegt der Reflexionskoeffizient sehr hoch. Diese Tatsache findet ihre praktische Nutzung bei der Herstellung von Spiegeln, die in Scheinwerfern verschiedenster Art, in vielfältigen optischen Geräten usw. verwendet werden.

Eine außerordentlich große Bedeutung kommt auch den mechanischen Eigenschaften der Metalle und Legierungen zu. Die Festigkeit metallischer Erzeugnisse spielt eine große Rolle bei der Lösung einer bedeutenden Anzahl technischer Probleme. Eine besonders hohe Bedeutung gewinnen hitzebeständige Legierungen, die in der Lage sind, auch bei hohen Temperaturen einer Deformation oder gar Zerstörung zu widerstehen. Ohne solche Werkstoffe wäre die Entwicklung des Flugzeugbaus und der Triebwerk- und Raketentechnik unmöglich gewesen. Die Erfolge auf diesem Gebiet waren andererseits die Grundlage für einen schnellen Fortschritt beim Erschließen des kosmischen Raumes. Für diese Zwecke wird es eine zwingende Notwendigkeit, die verschiedenen Eigenschaften der Metalle unter den Bedingungen des Hochvakuums, bei tiefen Temperaturen und unter der Einwirkung ionisierender Strahlung zu untersuchen und praktisch verwertbar zu machen.

Zahlreiche Arten der Metallbearbeitung, wie z. B. Schmieden, Stanzen oder Walzen, nutzen die für die Metalle charakteristische Eigenschaft der Plastizität aus. Plastizität ist allgemein die Fähigkeit eines Körpers, sich unter Einwirkung angelegter Kräfte irreversibel zu verformen.

Die metallischen Werkstoffe, die in der Kernenergetik angewendet werden, müssen eine Reihe ganz besonderer Eigenschaften besitzen. Die gewaltigen Ströme verschiedener ionisierender Strahlungen, die in den Kernreaktoren der Atomkraftwerke entstehen, ändern die Eigenschaften der Werkstoffe sehr stark, z. B. werden einige Metalle dabei spröde. All das führt dazu, daß die aus diesen Metallen gefertigten Erzeugnisse vorzeitig unbrauchbar werden.

Im Prinzip sind zwei Wege gangbar, um metallische Werkstoffe mit vorgegebenen Eigenschaften zu erstellen. Der eine davon besteht in einer rein empirischen Methode. Es wird eine große Zahl von Legierungen aus verschiedenen Metallen mit unterschiedlicher Zusammensetzung hergestellt. Diese Proben werden allen möglichen Formen der mechanischen, thermischen, magnetischen und weiteren Arten der Behandlung unterworfen. Danach werden unter den erhaltenen Legierungen diejenigen ausgewählt, die sich bei diesen Versuchen in Hinblick auf das gestellte Ziel als brauchbar erwiesen haben.

Es ist klar, daß eine solche Methode außerordentlich teuer ist. Sie erfordert viel Zeit, vergebliche Arbeit und unnütz verbrauchtes Material. Dabei kann man nicht einmal absolut sicher sein, daß sich unter den erhaltenen Legierungen eine mit den notwendigen Eigenschaften befindet. Ein solches Vorgehen kann in einem bestimmten Umfang noch angewendet werden, um einfache Werkstofftypen herzustellen, an die verhältnismäßig niedrige Forderungen gestellt werden und die nur einer oder einer kleinen Zahl von Bedingungen genügen müssen. In der heutigen Zeit ist diese Methode kaum noch anwendbar, denn es werden metallische Werkstoffe mit sehr hohen Leistungsparametern benötigt. Da diese Materialien unter schwierigen Bedingungen eingesetzt werden, müssen sie einer insgesamt sehr großen Zahl verschiedener Forderungen genügen.

Um solche Werkstoffe zu erhalten, muß man schon einen anderen, einen wissenschaftlichen Weg gehen, der auf einem tiefen Verständnis der Natur der in den Metallen ablaufenden Prozesse beruht. Ein solches Herangehen sollte die Möglichkeit bieten, im voraus festzulegen, aus welchen Metallen und mit welcher Zusammensetzung die Legierung hergestellt und welcher Behandlung sie unterworfen werden muß, um einen Werkstoff mit den geforderten Eigenschaften zu erhalten. Gegenwärtig ist eine solche Aufgabe noch nicht vollständig lösbar, aber trotzdem wurden in dieser Richtung schon bedeutende Erfolge erzielt.

Um die Eigenschaften metallischer Werkstoffe in der Praxis rationeller anwenden zu können, muß man deren Aufbau untersuchen und die Gesetzmäßigkeiten der in ihnen ablaufenden Prozesse verstehen. Dazu sind breit angelegte experimentelle Untersuchungen der Metalle und Legierungen notwendig. Ebenso ist es aber auch erforderlich, die Theorie des metallischen Zustandes zu entwickeln, die die beobachteten Tatsachen zu erklären vermag und neue Erscheinungen auf dem Gebiet der Metallphysik voraussagen kann.

1. Aufbau der Metalle und Legierungen

1.1. Allgemeines zum Aufbau der Atome und der Festkörper — vereinfachte Modelle des metallischen Zustandes

Bekanntlich bestehen die Atome eines beliebigen Stoffes, also auch die eines Metalles, aus relativ schweren, positiv geladenen Kernen und negativ geladenen Elektronen. Die Elektronen sind beweglich und im Vergleich zu den Kernen bedeutend leichter. Die Masse eines Elektrons beträgt $9{,}1 \cdot 10^{-31}$ kg. Der Kern des leichtesten Atoms, des Wasserstoffatoms, ist ein positiv geladenes Elementarteilchen. Seine Masse ist 1836mal größer als die eines Elektrons. Die Ladung dieses Teilchens, das wir Proton nennen, ist in ihrem Absolutbetrag gleich der Ladung eines Elektrons und beträgt $1{,}6 \cdot 10^{-19}$ As. Um das Proton bewegt sich im Wasserstoffatom nur ein einziges Elektron.

Die Größe eines Atoms kann näherungsweise durch einen mittleren Durchmesser beschrieben werden, der für das Wasserstoffatom ungefähr 10^{-10} m beträgt.

Die Kerne der schwereren Atome enthalten neben den Protonen auch Neutronen; das sind Elementarteilchen, die keine elektrische Ladung besitzen. Ihre Masse unterscheidet sich nur wenig von der Protonenmasse.

Die Zahl der Elektronen in einem Atom ist identisch mit der Ordnungszahl des betreffenden chemischen Elementes. Ihre Gesamtladung entspricht im Absolutwert der Ladung des Kerns. Die Elektronen bilden um den Kern eine Elektronenhülle. Sie sind in charakteristischen Schalen angeordnet, die in verschiedenen mittleren Abständen vom Kern liegen.

Außer durch Ladung und Masse werden die Elementarteilchen und folglich auch die Atome selbst noch durch eine weitere Anzahl von physikalischen Größen gekennzeichnet. Insbesondere sind das der Drehimpuls und das magnetische Moment. Der Drehimpuls ist eine wichtige mechanische Eigenschaft eines rotierenden Körpers. Im einfachsten Fall einer Punktmasse m, die sich auf einer Kreisbahn vom Radius r mit der Geschwindigkeit v bewegt, ist der Betrag des Drehimpulses gleich mvr. Der Drehimpuls ist eine vektorielle Größe, d. h., er wird außer durch den Betrag auch durch seine Richtung charakterisiert. In dem betrachteten mechanischen System steht der Vektor des Drehimpulses senkrecht auf der Bewegungsebene. Er zeigt in Richtung der Rotationsachse. Der Richtungssinn wird dabei durch eine Rechtsschraube gegeben, d. h., der Vektor zeigt nach der Seite der Achse, wohin sich das Ende einer Rechtsschraube bewegen würde, die man in Richtung der rotierenden Masse dreht.

In der allerersten Atomtheorie, der BOHRschen Theorie, wurde vorausgesetzt, daß sich die Elektronen auf bestimmten Bahnen um den Kern bewegen. Jeder dieser Bahnen konnte man einen bestimmten Drehimpuls zuordnen, der aus diesem Grunde auch die Bezeichnung Bahndrehimpuls erhielt. Im Laufe der weiteren Entwicklung wurde die BOHRsche Theorie durch eine modernere ersetzt, in der dieser Begriff der Elektronenbahnen seinen Sinn einbüßte. Doch auch hier erwies es sich als möglich, ein solch wichtiges Charakteristikum des sich im Atom bewegenden Elektrons wie den Drehimpuls aufrechtzuerhalten. Dafür wurde weiterhin die frühere Bezeichnung Bahndrehimpuls verwendet.

Außer dem Bahndrehimpuls besitzt ein Elektron noch einen Eigendrehimpuls. Dieser wird als Spin bezeichnet und ist nicht mit irgendeiner Ortsveränderung des Elektrons im Atom gekoppelt. Früher wurde zur Erklärung dieses Phänomens die anschauliche Vorstellung von einer Rotation des Elektrons um seine eigene Achse herangezogen, d. h. das Elektron wurde als Kreisel betrachtet. Wie sich in der weiteren Entwicklung zeigte, war eine solche anschauliche Deutung nicht aufrechtzuerhalten.

Trotzdem behielt der Eigendrehimpuls die Bezeichnung Spin, die sich vom englischen Wort „to spin" – „drehen" ableitet. Einen Spin besitzen nicht nur Elektronen, sondern auch viele andere Teilchen. Der Betrag der größten Projektion des Spins auf eine bestimmte Richtung wird für die verschiedenen Teilchen durch eine außerordentlich einfache Formel ausgedrückt. Er ist gleich $s \cdot \hbar$, wobei sich $\hbar$ aus $\hbar = h/2\pi$ mit der PLANCKschen Konstanten $h = 6{,}625 \cdot 10^{-34}$ Js ergibt. Die Zahl s wird durch die Art der Teilchen bestimmt.

Die Teilchen kann man in zwei Typen untergliedern. Für Teilchen des ersten Typs ist s halbzahlig ($s = 1/2$, $3/2$, $5/2, \ldots$). Elektronen, Protonen und Neutronen werden beispielsweise durch $s = 1/2$ charakterisiert. Für Teilchen des zweiten Typs ist s ganzzahlig ($s = 0$, $1, 2, \ldots$). Diese zwei Arten unterscheiden sich sehr stark in den statistischen Gesetzmäßigkeiten, denen alle Systeme unterworfen sind, die aus einer großen Zahl gleicher Teilchen bestehen. Wie später noch gezeigt werden soll, bestimmen solche statistischen Gesetzmäßigkeiten viele wichtige Eigenschaften des Elektronensystems der Metalle.

Den Gesamtdrehimpuls eines Atoms erhält man durch vektorielle Addition der Bahn- und Spindrehimpulse der das Atom bildenden Teilchen.

Verschiedene Elementarteilchen besitzen außer dem Gesamtdrehimpuls als weiteres charakteristisches Merkmal ein magnetisches Moment. Bekanntlich ist das magnetische Moment eine der wichtigsten Größen, welche die magnetischen Eigenschaften eines gegebenen Objektes bestimmen. Das magnetische Moment charakterisiert die Fähigkeit eines Teilchens, im umgebenden Raumgebiet ein Magnetfeld aufzubauen. Ebenso bestimmt es quantitativ die Auswirkung eines äußeren Magnetfeldes auf das Teilchen.

Das magnetische Moment eines Stromes mit der Stromstärke i, der durch eine ebene Leiterschleife der Fläche S fließt, ist bekanntlich gleich einem konstanten Koeffizienten multipliziert mit dem Produkt iS. Das magnetische Moment ist ebenso wie auch der Drehimpuls eine Vektorgröße. Seine Richtung steht senkrecht auf der Ebene der Leiterschleife. Der Vektor zeigt dabei nach der Seite, die durch die Vorschubrichtung einer Rechtsschraube gegeben ist, wenn man diese in Richtung des Stromflusses dreht.

Wir werden nun das anschauliche Atommodell benutzen, nach dem die Elektronen auf Bahnen um den Kern rotieren. Wegen der elektrischen Ladung der Elektronen bilden ihre Bahnen geschlossene Stromkreise, die mit magnetischen Momenten verknüpft sind. Diese werden als Bahnmomente bezeichnet. Betrachtet man den Elektronenspin als Resultat der Rotation eines Elektrons um seine Achse, kommt man zu der Schlußfolgerung, daß eine solche Eigenrotation des Elektrons auch einen kleinen räumlichen Strom hervorruft. Das damit verbundene magnetische Moment erhielt die Bezeichnung *Spinmoment*. Dem Betrag nach ist das durch den Spin erzeugte magnetische Moment des Elektrons fast genau gleich der atomaren Einheit des magnetischen Momentes, dem BOHRschen Magneton $\mu_B = 1{,}165 \cdot 10^{-29}$ Wb · m.

Wie schon erwähnt, sind die anschaulichen Vorstellungen von der Bewegung der Elektronen auf Bahnen um den Kern und von ihrer Eigenrotation grob vereinfachend und halten genaueren Betrachtungen nicht stand. Die Begriffe der entsprechenden magnetischen Momente blieben allerdings erhalten. Sie werden auch jetzt noch als magnetische Bahn- und Spinmomente bezeichnet.

Ebenso wie die Elektronen besitzen auch die Atomkerne magnetische Momente, deren Betrag aber sehr klein ist. Deshalb wollen wir die magnetischen Momente der Kerne in der weiteren Darstellung nicht berücksichtigen.

Das resultierende magnetische Moment eines Atoms erhält man durch vektorielle Addition der magnetischen Bahn- und Spinmomente der Elektronen. Indem man die magnetischen Momente aller Teilchen eines Stoffes in einem bestimmten Volumen aufsummiert, gewinnt man das resultierende magnetische Moment in diesem Volumen. Die wichtigste magnetische Eigenschaft einer Substanz ist die Magnetisierung. Darunter ist das magnetische Moment pro Volumeneinheit zu verstehen.

Bei allen Betrachtungen ist die experimentell gut begründete Tatsache zu beachten, daß die Elektronen nicht nur Teilcheneigenschaften besitzen. Wie auch andere Mikroteilchen, d. h. Teilchen mit sehr kleiner Masse, sind sie durch einen Dualismus von Korpuskular- und Wellennatur gekennzeichnet. Sie verbinden die Eigenschaften im Raum lokalisierter kleiner Teilchen mit den scheinbar gegensätzlichen Eigenschaften einer nicht an einem bestimmten Ort lokalisierten Welle. Die Welleneigenschaften der Elektronen zeigen sich am deutlichsten bei der bekannten Erscheinung der Elektronenbeugung, die beim Durchgang schneller Elektronen durch eine dünne Schicht eines Stoffes beobachtet wird. Die Elektronenbeugung liegt der Elektronographie zugrunde, die dem Studium der Struktur fester und flüssiger Körper dient und auch für die Untersuchung des Aufbaus der Moleküle in den Gasen wertvolle Aussagen liefert.

Es zeigte sich, daß die Elektronenbeugungsbilder kristalliner Substanzen von der gleichen Art sind wie die Beugungsbilder von Röntgenstrahlen. In Abb. 1 sind typische Beugungsbilder dargestellt. Sie wurden nach dem Durchgang von Elektronen (a) und Röntgenstrahlen (b) durch einen aus kleinen Kristalliten bestehenden Festkörper aufgenommen. Ein solches Bild könnte man nicht erhalten, wenn die Elektronen einfach nur kleine Teilchen wären und nicht die Eigenschaften von Wellen besitzen würden.

Ein Verständnis der in der Mikrowelt ablaufenden Prozesse ist — bedingt durch die Welleneigenschaften der Mikroteilchen — nicht mit Hilfe einer klassischen Beschreibung zu erreichen. Diesen tieferen Einblick gestattet nur die Quantenphysik — eine Theorie, die sowohl Korpuskel- als auch Welleneigenschaften der

Mikroobjekte berücksichtigt. Eine der charakteristischen Besonderheiten der Mikrowelt, die in dieser Theorie ihren Ausdruck findet, ist die diskrete Verteilung der möglichen Werte bestimmter physikalischer Größen, die für das Verhalten des Mikroteilchens von entscheidender Bedeutung sind. Dieser theoretische Befund konnte durch eine Vielzahl experimenteller Untersuchungen glänzend bestätigt werden.

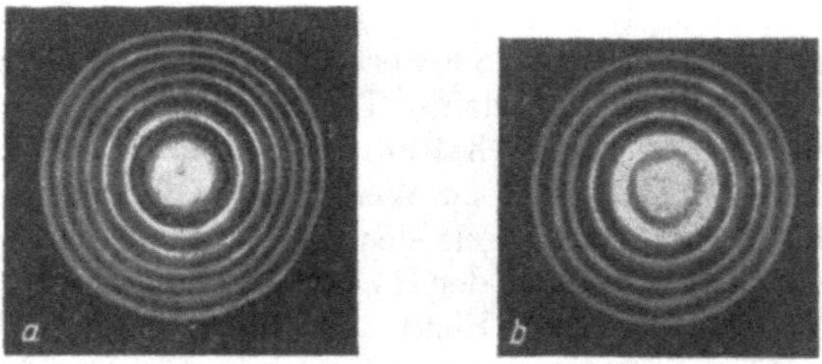

Abb. 1. Elektronenbeugungsbild (a) und Röntgenbeugungsbild (b) eines Festkörpers, der aus kleinen Kristalliten besteht

Zu den erwähnten Größen gehören z. B. die Energie und der Drehimpuls. Für die BOHRsche Atomtheorie würden diskrete Zustände bedeuten, daß nicht irgendwelche beliebige Elektronenbahnen existieren, sondern nur einige bestimmte erlaubt sind. Jede dieser Bahnen ist durch ihre bestimmte Energie und ihren Drehimpuls ausgezeichnet. So kann auch die Energie eines Atoms keinen beliebigen Wert annehmen. Es sind nur bestimmte, wohldefinierte Werte möglich, die voneinander durch „verbotene“ Bereiche getrennt sind. Die Gesamtheit aller möglichen Energiewerte eines Mikroobjektes nennt man sein *Energiespektrum*.

Die Quantenmechanik gestattet es, die möglichen Energiewerte zu berechnen, d. h. das Energiespektrum des untersuchten Systems aufzufinden.

Für isolierte Atome ist der wesentlichste Teil des Energiespektrums ein System einzelner, voneinander getrennter Energiewerte. Trägt man diese auf einer vertikalen Achse auf und zeichnet horizontale Geraden durch diese Punkte, so erhält man eine anschauliche Darstellung der sogenannten *Energieniveaus* des Atoms; ihre Gesamtheit bildet das Energiespektrum. In Abb. 2 ist ein Teil des Energieniveauschemas des Wasserstoffatoms dargestellt. Rechts ist die Nummer des Niveaus n angetragen. Die Gesamtzahl der Niveaus ist unendlich groß. Mit steigender Energie E rücken die Niveaus auf immer

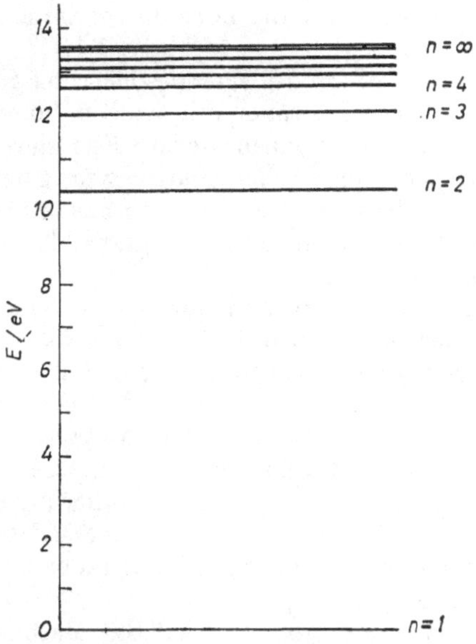

Abb. 2. Energiespektrum des Wasserstoffatoms

kürzere Abstände zusammen und verdichten sich bis zu einer Grenze, die bei $n = \infty$ liegt. Auf der Energieachse sind die Werte von E in Elektronenvolt aufgetragen. Dabei ist zu beachten, daß die Lage des niedrigsten Niveaus willkürlich mit $E = 0$ angenommen wurde.

Ein Atom kann Lichtquanten (Photonen) absorbieren oder aussenden. Ein Lichtquant der Frequenz ν besitzt die Energie $\varepsilon = h \cdot \nu$. Bei der Absorption oder Emission eines Photons ändert sich die Energie des Atoms, d. h. es findet ein Übergang von einem Energieniveau in ein anderes statt. Wenn das Atom dabei von einem Zustand höherer Energie E_2 in einen Zustand niedrigerer Energie E_1 überwechselt, wird ein Photon mit der Energie $\varepsilon = E_2 - E_1$ ausgesandt. Ein solches Photon wiederum kann von einem anderen gleichartigen Atom absorbiert werden, das die Energie E_1 besitzt. Dann geht dieses Atom vom Niveau E_1 in das höherenergetische Niveau E_2 über.

Der diskrete Aufbau des Energiespektrums führt dazu, daß die Atome nur Photonen mit exakt definierten Energiewerten aussenden können. Jedem Energiewert $\varepsilon = h\nu$ eines Photons entspricht eine eindeutig festgelegte Lichtfrequenz ν. Deshalb erweist sich auch das optische Spektrum, das von einzelnen Atomen abgestrahlt wird, als ein System diskreter Linien.

In Gasen ist der Abstand der Atome oder Moleküle untereinander gewöhnlich bedeutend größer als deren Abmessungen selbst. Das führt dazu, daß die Wechselwirkungskräfte zwischen Kern und Elektronen eines herausgegriffenen Atoms im Mittel weitaus stärker sind als die Wechselwirkungskräfte der Atome untereinander. Darum kann man für Gase in guter Näherung ein Modell diskutieren, in dem einzelne Atome oder Moleküle die Struktureinheiten bilden, die untereinander nur schwach wechselwirken.

Für den kondensierten Zustand der Materie, d. h. in Flüssigkeiten und Festkörpern, unterscheiden sich die Abstände zwischen benachbarten Atomen nur wenig von den Abmessungen eines Atoms selbst. Die Wechselwirkungskräfte zwischen Kernen und Elektronen benachbarter Atome sind in diesen Stoffen nicht mehr vernachlässigbar. Deshalb kann man das Modell mit isolierten Atomen als Struktureinheiten nur näherungsweise zur Erklärung eines begrenzten Bereiches von Erscheinungen heranziehen. Die Theorie, die auf der Grundlage eines solchen atomaren Modells entwickelt wurde, wird als atomistische oder molekulare kinetische Theorie bezeichnet.

Die Erklärung vieler anderer Erscheinungen erfordert ein moderneres Modell, das die beträchtliche Wechselwirkung der Teilchen (Elektronen und Kerne) benachbarter Atome berücksichtigt. Strenggenommen ist zur Berechnung dieser Wechselwirkung eine quantenmechanische Betrachtung nötig. Das Problem muß als die Bewegung eines einheitlichen Systems aller Kerne und Elektronen, aus denen der gegebene Körper aufgebaut ist, formuliert werden. Eine solche Aufgabe ist jedoch außerordentlich schwierig und kann nicht exakt gelöst werden.

Zur näherungsweisen Lösung kann man die gut begründete Tatsache verwerten, daß die inneren Elektronen der Atomhülle ihren Zustand bei der Bildung eines kondensierten Stoffes aus der Gasphase nur wenig ändern. Wesentliche Änderungen erfahren dagegen die äußeren Elektronen, insbesondere die Valenzelektronen, da sie am stärksten mit den benachbarten Atomen wechselwirken und im Vergleich zu den inneren Elektronen nur schwach an ihren Kern gebunden sind. Die Außenelektronen in flüssigen und festen Körpern gehören nicht mehr allein ihrem Atom an, sondern in gleichem Maße allen Atomen des Körpers.

Auf diese Weise erhalten wir z. B; im Falle flüssiger oder fester Metalle einerseits ein System positiv geladener Ionen (Atomrümpfe, die sich bei der Abgabe der äußeren Elektronen bilden), andererseits ergibt sich ein System von Kollektivelektronen, die nicht mit einem bestimmten Atom verbunden sind und sich weitgehend frei innerhalb des Metallverbandes bewegen können.

Zwischen flüssigen Stoffen und kristallinen Festkörpern besteht ein wesentlicher Unterschied. In einem festen Metall bilden die positiven Ionen ein regelmäßiges dreidimensionales Kristallgitter, d. h., ihre räumliche Anordnung wiederholt sich periodisch in drei linear unabhängigen Richtungen. Beim Idealfall sieht man von der

Wärmebewegung ab, an der alle Ionen des Festkörpers beteiligt sind und läßt ferner die verschiedenen zeitunabhängigen statistischen Verzerrungen des Kristallgitters unberücksichtigt. Unter diesen Voraussetzungen kann man das Gitter durch parallele Translationen eines Ions oder einer bestimmten Gruppe von Ionen um einen festen Wert in jede der drei genannten Richtungen aufbauen. Diese Abstände sind gleich den Beträgen der Vektoren $\boldsymbol{a}_1$, $\boldsymbol{a}_2$, $\boldsymbol{a}_3$ — der sogenannten Basisvektoren des Kristallgitters.

In Abb. 3a ist ein Teil des kubisch primitiven Gitters dargestellt, bei dem die Basisvektoren aufeinander senkrecht stehen und die gleiche Länge besitzen. Eine kubische Zelle, die von diesen Vektoren gebildet wird (Elementarzelle), enthält gerade ein Ion.

Nun soll zunächst vorausgesetzt werden, daß in einem Kristall statistisch verteilte Verzerrungen fehlen, die Ionen aber an der Wärmebewegung teilnehmen. Die Ionen vollführen dabei Schwingungen, und ihre zufälligen Aufenthaltsorte gruppieren sich statistisch um bestimmte Ruhelagen, die für alle weiteren Betrachtungen die Gitterplätze in den verschiedenen Kristallstrukturen festlegen. Kennt man die Koordinaten eines solchen Gitterplatzes und die Basisvektoren des Gitters, dann ist man in der Lage, die Orte analoger Gitterplätze zu finden, wie weit sie auch entfernt sein mögen. In diesem Sinne kann man in Kristallen von einer Ordnung über große Entfernungen oder auch von einer *Fernordnung* der Gitterpunkte sprechen.

In Flüssigkeiten existiert keine solche Fernordnung. Es gibt zwischen den Atomlagen nur einen wechselseitigen Zusammenhang (Korrelation) auf relativ kurze Entfernungen, der bei einer Vergrößerung der betrachteten Distanzen verschwindet. Die räumliche Verteilung der Atome ist also nur durch eine *Nahordnung* gekennzeichnet.

Metalle im festen Zustand, die im weiteren auch ausschließlich betrachtet werden sollen, kann man somit durch ein relativ einfaches Modell beschreiben. In diesem

Modell wird ein Metall in zwei Teilsysteme zerlegt. Das eine ist das Kristallgitter aus den mehr oder weniger fest gebundenen, positiv geladenen Ionen; das andere wird durch das „Gas" oder die „Flüssigkeit" der Kollektivelektronen gegeben. Diese dem ganzen Metall gemeinsam angehörenden Elektronen sind nicht an irgendwelche bestimmte Ionen gebunden, d. h., sie sind nahezu frei im Gitter beweglich. Die Behandlung dieser Elektronen in dem erwähnten einfachen Modell (und in einigen Fällen die Berechnung stärker an die Ionen gebundener äußerer Elektronen) ermöglicht es, eine modernere Elektronentheorie der Metalle zu entwickeln. Diese Theorie gestattet uns, eine Reihe von Eigenschaften zu erklären, für deren Verständnis unmittelbar die elektronischen Prozesse betrachtet werden müssen. Solche Eigenschaften werden deshalb allgemein auch als „elektronische" bezeichnet.

Natürlich kann man auch eine Elektronentheorie der Erscheinungen entwickeln, die gewöhnlich im Rahmen molekularkinetischer Vorstellungen behandelt werden. Die oben aufgezeigte Abgrenzung zwischen den Erscheinungen, aber auch zwischen den Eigenschaften der Metalle, ist nur bedingt gültig. Wichtig ist eigentlich nur, daß die grundlegenden Besonderheiten einer bestimmten Gruppe von Erscheinungen auch ohne genaue Berücksichtigung der Metallelektronen verstanden werden können, während sich das für eine andere Gruppe als unmöglich erweist.

1.2. Das Kristallgitter; Gitterfehler bei Metallen und Legierungen

Das Kristallgitter der meisten Metalle gehört zu einem der drei häufigsten Typen. Diese sind das kubisch-raumzentrierte Gitter (krz), das kubisch-flächenzentrierte Gitter (kfz) und die hexagonal dichteste Packung (hdP). Abbildung 3, b—d, zeigt die idealen Lagen der Zentren der beteiligten Ionen (im atomaren Modell die Lage der

Atomzentren) in diesen Gittern, wenn keine Verzerrungen vorliegen.

Zu den Metallen, die unter normalen Bedingungen ein kubisch-raumzentriertes Gitter besitzen, gehören Barium, Vanadium, Niob, Tantal, Molybdän, Eisen, Lithium,

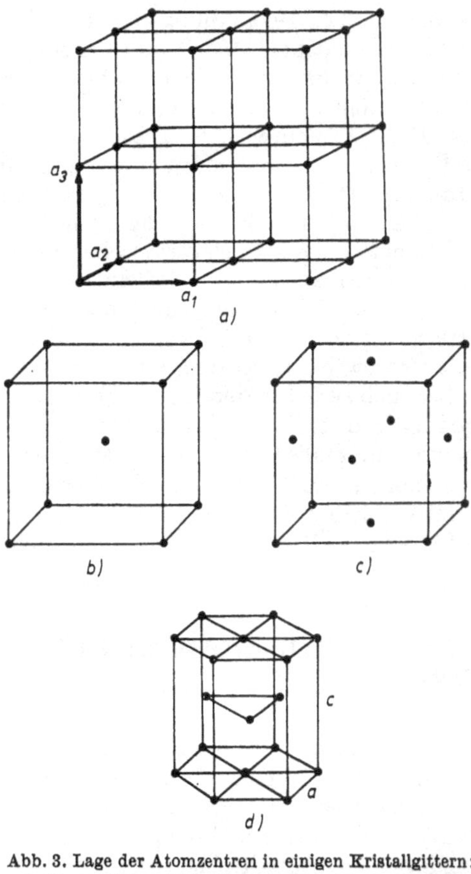

Abb. 3. Lage der Atomzentren in einigen Kristallgittern:
a) kubisch-primitives Gitter; b) kubisch-raumzentriertes Gitter; c) kubisch-flächenzentriertes Gitter; d) hexagonal dichteste Kugelpackung

Natrium, Kalium, Rubidium und Cäsium. Aluminium, Strontium, Thorium, Blei, Palladium, Platin, Kupfer, Silber und Gold beispielsweise weisen im Normalzustand ein kubisch-flächenzentriertes Gitter auf. Als Beispiele für die hexagonal dichteste Packung können Beryllium, Magnesium, Hafnium und Rhenium dienen. Sowohl bei der hexagonal dichtesten Packung als auch im kubisch-flächenzentrierten Gitter besitzt jedes Atom die gleiche Anzahl Nachbaratome, die zu ihm die gleichen Abstände aufweisen. Die Anzahl der nächsten Nachbarn irgendeines Atoms bezeichnet man als *Koordinationszahl.* Diese Nachbaratome bilden zusammen die sogenannte erste Koordinationssphäre. Aus Abb. 3 ist ersichtlich, daß die Koordinationszahl für das kubisch-raumzentrierte Gitter 8 beträgt; für das kubisch-flächenzentrierte Gitter ist sie gleich 12. Außer der ersten Koordinationssphäre gibt es noch weitere solche symbolhafte Zusammenfassungen von Atomen, die in größeren (aber für alle Atome einer Sphäre gleichen) Abständen von dem als Zentrum betrachteten Atom liegen. Sie bilden mit zunehmenden Abständen zum Zentralatom entsprechend die zweite, dritte usw. Koordinationssphäre. Den Abstand vom Zentralatom bis zu den Atomen einer bestimmten Koordinationssphäre bezeichnet man als deren Radius; die Zahl der sie bildenden Atome als Koordinationszahl dieser Sphäre. Für das kubisch-flächenzentrierte Gitter betragen beispielsweise die Koordinationszahlen der zweiten, dritten, vierten und fünften Sphäre entsprechend 6, 24, 12 und 24.

In den hexagonalen Gittern liegt die dichteste Packung der Atome dann vor, wenn die in Abb. 3d eingezeichneten Gitterkonstanten a und c ein Verhältnis von $c/a = 1{,}633$ bilden. Dann befinden sich alle benachbarten Atome in der hexagonal dichtesten Packung in gleichen Abständen. Die Koordinationszahl eines solchen Gitters ist gleich 12. Es ist jedoch zu bemerken, daß für einige Metalle mit hexagonalem Gitter sich das Verhältnis c/a merklich von dem Wert 1,633 unterscheidet. Das ist eine unmittelbare Folge des Strebens nach der größten Packungsdichte.

Die moderne Elektronenmikroskopie und die Feldionenmikroskopie geben die Möglichkeit, die atomare Struktur des Kristallgitters der Metalle unmittelbar sichtbar zu machen. Abb. 4 zeigt eine elektronenmikroskopische Aufnahme des Kristallgitters von Gold. Darauf erkennt man ein System sich schneidender Atomebenen.

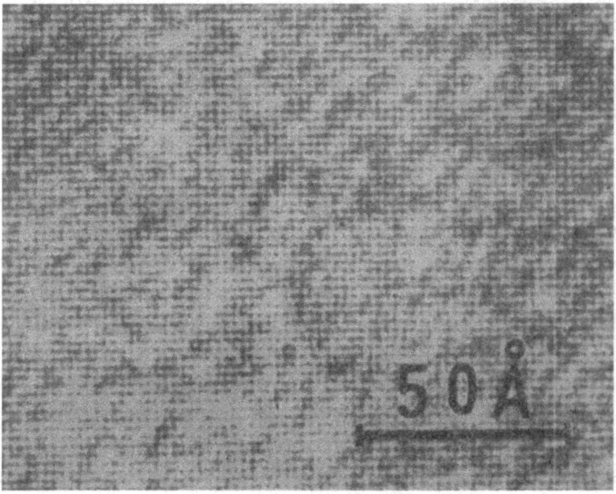

Abb. 4. Elektronenmikroskopische Aufnahme des Kristallgitters von Gold

In Wirklichkeit besitzen die Metalle kein ideal aufgebautes Kristallgitter. Die regelmäßige periodische Anordnung der Atome im Raum wird immer in mehr oder weniger starkem Maße durch die Wärmebewegung und das Vorhandensein verschiedener, statistisch verteilter Defekte des Kristallgitters gestört. In reinen Metallen gehören zu diesen Defekten vor allem die Störungen der Gitterperiodizität, die durch das Auftreten von Körnern und Subkörnern verursacht werden. Feste Metalle sind gewöhnlich sogenannte *polykristalline Körper*, die aus vielen kleinen Kristallen unterschiedlicher Orientierungen aufgebaut sind. Diese kleinen Kristalle werden als *Kristallite* oder *Körner* bezeichnet.

Die Entstehung einer großen Anzahl von Körnern bei der Kristallisation eines Metalls ist dadurch bedingt, daß die Erstarrung gleichzeitig an verschiedenen Stellen der Schmelze (Kristallisationszentren) beginnt. Diese Kristallisationskeime besitzen alle möglichen kristallographischen Orientierungen. Die daraus entstehenden Kristalle wachsen weiter, solange sie nicht mit benachbarten Körnern zusammenstoßen oder das gesamte Volumen der Probe einnehmen. Infolge eines solchen Kristallisationsprozesses ist die Form der Kristallite oder Körner völlig unregel-

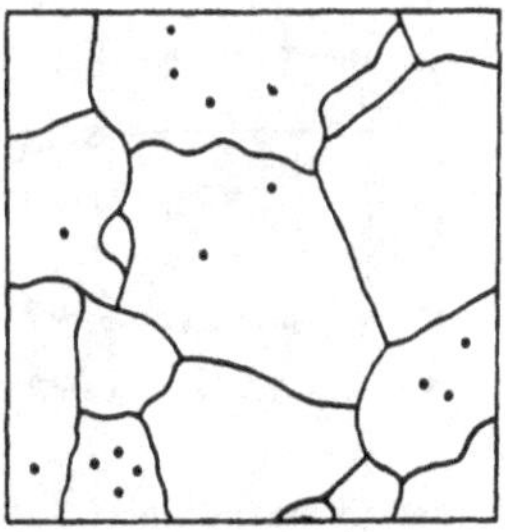

Abb. 5.
Körner in einer polykristallinen Aluminiumprobe (50fach vergrößert)

mäßig. Abbildung 5 zeigt die Kornstruktur in einer polykristallinen Aluminiumprobe bei 50facher Vergrößerung.

Die Körner ihrerseits bestehen aus noch kleineren Einheiten des Kristallgitters, die als *Subkörner* bezeichnet werden. Sie unterscheiden sich in der Orientierung nur wenig voneinander. Ihre linearen Abmessungen betragen normalerweise 10^{-7} bis 10^{-5} m.

Durch Anwendung spezieller Kristallzüchtungsmethoden kann man auch *Einkristalle* von Metallen herstellen. Einkristalle bestehen nur aus einem einzigen Korn, das makroskopische Dimensionen erreicht. Doch liegt auch in einkristallinen Proben infolge des Auftretens einer großen Zahl schwach unterschiedlich orientierter Subkörner meist eine charakteristische Mosaikstruktur vor.

Zu den Gitterfehlern reiner Metalle zählt man weiterhin *Leerstellen*, das sind nicht durch Atome besetzte Gitterplätze. Eine andere Art von Fehlstellen sind Atome, die aus regulären Gitterplätzen verschoben wurden und neue Lagen (sogenannte Zwischengitterplätze) eingenommen haben. Eine Leerstelle ruft ebenso wie ein Zwischengitteratom in seiner Umgebung eine Verzerrung des Kristallgitters hervor, die in Abb. 6 schematisch dargestellt ist. In Metallen ist das Auftreten von Gruppen aus zwei, drei oder einer großen Anzahl von Leerstellen auf benachbarten Gitterplätzen durchaus möglich.

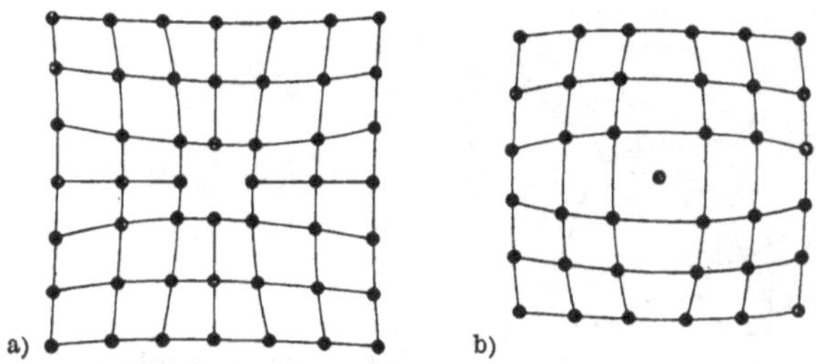

Abb. 6. Verzerrungen des Kristallgitters (in einer Ebene)
a) in der Umgebung einer Leerstelle; b) in der Umgebung eines Zwischengitteratoms

Ferner tritt sogar der Fall auf, daß sich viele Leerstellen zusammenlagern und im Kristall einen inneren Hohlraum (Pore) bilden.

In Metallen, die die Koordinationszahl 12 und damit die dichtest mögliche Packung von Atomen im Kristallgitter besitzen (kubisch-flächenzentriertes Gitter und hexagonal dichteste Packung), existiert noch eine besondere Art von Gitterfehlern, die als *Stapelfehler* bezeichnet wird. Es soll ein vereinfachtes Modell betrachtet werden, in dem die Atome durch gleichartige starre Kugeln dargestellt sind. Im folgenden wird zunächst untersucht, auf welche Weise man sie anordnen kann, um eine dichteste Kugelpackung zu realisieren.

Wenn man in eine Ebene so dicht wie möglich eine Anzahl Kugeln legt, erhält man als Projektion auf diese Ebene das in Abb. 7 dargestellte Bild. Die Kugelzentren der untersten Schicht fallen auf Punkte, die als Lagen vom Typ 1 bezeichnet werden sollen. Legt man eine zweite Kugelschicht auf die erste, so gibt es offensichtlich zwei verschiedene Möglichkeiten, diese relativ zur ersten Schicht anzuordnen. Die Projektionen der Kugelzentren dieser zweiten Schicht auf die Ausgangsebene können entweder in die Lagen des Typs 2 oder des Typs 3 fallen. Für die nächstfolgenden Schichten entsprechen die Projektionen der Kugelzentren ebenfalls wieder einer dieser drei Lagen.

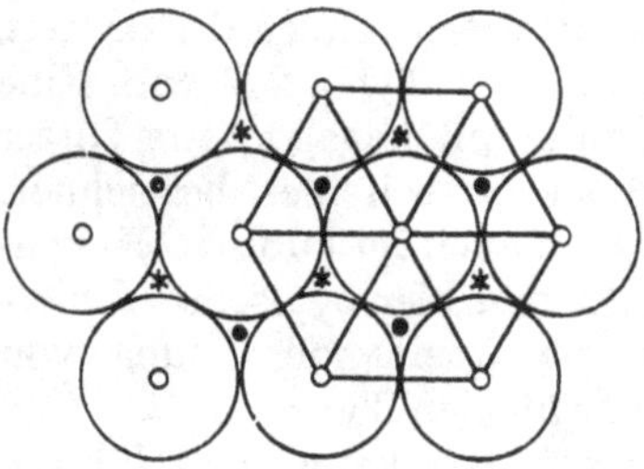

Abb. 7. Mögliche Arten der Atomlagen in dichtestgepackten Kristallgittern
○ Lage des Typs 1; ● Lage des Typs 2; ∗ Lage des Typs 3

Die Packung wird am dichtesten, wenn zwei übereinanderliegende Schichten sich in verschiedenen Lagen befinden, die hier durch verschiedene Ziffern bezeichnet werden. In diesem Fall liegen die Kugeln der folgenden Schicht genau über den Lücken zwischen den Kugeln der vorangegangenen. Dabei lassen sich die zwei einfachsten, strukturell unterschiedlichen Schichtfolgen, die zum Aufbau eines periodischen Kristallgitters führen, in folgender Weise realisieren. Die erste ist durch einen Wechsel der Lagen 1 2 1 2 1 2 ... charakterisiert und entspricht dem Aufbau der hexagonal dichtesten Packung. In diesem Falle befinden sich die Atome der dritten Stapelschicht über den Atomen der ersten (s. Abb. 3d). Die zweite Realisierungsmöglichkeit der dichtesten

Kugelpackung wird durch einen Wechsel der Schichtfolgen im Rhythmus 1 2 3 1 2 3 1 2 3 ... geprägt und führt zum kubisch-flächenzentrierten Gitter. Dieses ist so orientiert, daß die Raumdiagonale der kubischen Zelle senkrecht auf der Ebene der Kugelpackungen steht.

In Realkristallen mit hexagonal dichtest gepacktem Gitter können auch Störungen der regelmäßigen Schichtfolge auftreten, wie sie zum Beispiel durch den Wechsel 1 2 1 2 3 2 3 2 3 2 ... beschrieben werden. Die fünfte Schicht entspricht dabei der Lage des Typs 3 und nicht wie im Idealfall der Lage 1. Die weitere Schichtfolge 3 2 3 2 3 2 ergibt dann wieder das hexagonale Gitter, weil die Struktur sich im Wesen nicht von der Reihenfolge 1 2 1 2 1 2 unterscheidet. Folglich liegt in diesem hexagonalen Kristall eine fehlerhafte Reihenfolge der dritten, vierten und fünften Schicht vom Typ 1 2 3 vor. Eine solche Störung ist für Kristalle mit hexagonalem Gitter charakteristisch und wird als Stapelfehler bezeichnet. Analoge Stapelfehler kann man auch im kubisch-flächenzentrierten Gitter finden. Zu den hier typischen fehlerhaften Stapelfolgen zählt die Aneinanderreihung von Schichten in der Art des hexagonalen Typs.

Das Auftreten eines Stapelfehlers kann dazu führen, daß die Schichtfolge des hexagonalen Typs mit der des kubischen wechselt. In diesem Fall wird die Ebene, in der der Stapelfehler liegt, zwei Kristallteile ein und desselben Metalls mit hexagonal dichtest gepacktem bzw. kubisch-flächenzentriertem Gitter vereinigen. Eine solche Erscheinung wurde experimentell bei Kobalt nachgewiesen.

Eine andere Fehlordnung findet man in kubisch-flächenzentrierten Kristallen, die einen Stapelfehler vom Typ 1 2 3 1 2 1 3 2 1 3 2 ... enthalten. Hier wechselt in der sechsten Schicht die geordnete Reihenfolge des kubischen Typs 1 2 3 1 2 3 in die umgekehrte Schichtfolge, die aber ebenfalls dem kubischen Typ entspricht. Die entstehende Konfiguration wird als Zwillingskristall oder einfach Zwilling im kubisch-flächenzentrierten Gitter bezeichnet. Die Zwillingsbildung ist nicht auf das kubisch-flächenzentrierte Gitter beschränkt, sondern tritt auch in Kristallen mit anderen Gittertypen auf.

Eine überragende Bedeutung für das Verständnis der mechanischen Eigenschaften der Festkörper besitzen Defekte, die als Versetzungen bezeichnet werden. Die einfachsten Formen einer Versetzung sind die Stufenversetzung und die Schraubenversetzung. Man kann sie sich durch eine Verschiebung eines Teils des Kristall-

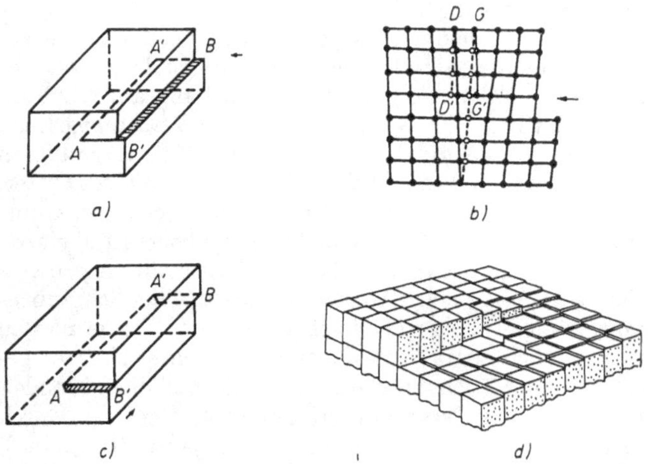

Abb. 8. Art der Verschiebung und Anordnung der Atome in einem Kristall mit einer Stufenversetzung (a, b) bzw. Schraubenversetzung (c, d)

gitters entstanden denken (vgl. Abb. 8). In Abb. 8a ist eine Verschiebung in der Ebene AA'BB', die als Gleitebene bezeichnet wird, dargestellt. Dabei entsteht eine Stufenversetzung. Die Verschiebung erfolgte nur im Gebiet AA'BB' mit einem Verschiebungsvektor, der durch den Pfeil charakterisiert wird. Die Grenze dieses Gebietes wird von der Geraden AA' gebildet, die man auch als Versetzungslinie bezeichnet. Abbildung 8b zeigt die Lage der Atome in einem Kristall mit einfach kubischem Gitter, der eine Stufenversetzung enthält.

Die Darstellung ist auf eine Atomebene beschränkt und symbolisiert die Atomlagen durch dunkle Kreise. Die Atome paralleler Ebenen sind in vollkommen identischer Weise angeordnet. Aus Abb. 8b ist ferner ersichtlich, daß die Gerade *GG'* einer überzähligen Halbebene entspricht. Diese Halbebene ist im oberen Kristallteil im Vergleich zum unteren Teil zusätzlich eingeschoben und ruft eine Verzerrung des Kristallgitters hervor. Wie Abb. 8a zeigt, steht die Versetzungslinie senkrecht auf dem Verschiebungsvektor.

Eine Schraubenversetzung entsteht bei der Verschiebung eines Kristallteils, wie sie in Abb. 8c dargestellt ist. In diesem Falle erfolgte die Verschiebung auf der Teilebene AA'BB'. Die Gerade AA' ist die Versetzungslinie; sie liegt parallel zu dem durch einen Pfeil dargestellten Verschiebungsvektor. In einem kubisch-primitiven Gitter, das eine Schraubenversetzung enthält, liegen die Atome so, wie das in Abb. 8d schematisch gezeigt ist. Die einzelnen Atome sind dabei als Würfel dargestellt. Aus dieser Skizze ist ersichtlich, daß beim Vorliegen einer Schraubenversetzung als Folge der Verrückungen der Atome aus den ursprünglich parallelen Netzebenen eine einzige geschlossene Fläche entsteht, die sich wie eine Wendeltreppe um die Versetzungslinie windet. Heute ist durch viele Beobachtungen gesichert, daß jeder Realkristall sehr viele Versetzungen unterschiedlichen Charakters enthält, auch wenn er keiner speziellen Verformung unterworfen wurde. Die Versetzungen sind nicht unbedingt geradlinig; viele verlaufen gekrümmt und können insbesondere auch als geschlossene Linien (Versetzungsschleifen) auftreten. Solche speziellen Versetzungsstrukturen rufen im Kristallgitter Verzerrungen komplizierter Art hervor.

Die moderne Physik verfügt über gut entwickelte Methoden zur unmittelbaren Beobachtung von Versetzungen in Festkörpern. Zu diesen Methoden gehören licht- und elektronenmikroskopische Untersuchungen der Kristalloberfläche, Feldelektronen- und Feldionenmikroskopie, röntgentopographische Aufnahmen der Kristalle, die Transmissionselektronenmikroskopie, die Dekoration von Versetzungen in optisch durchsichtigen Kristallen (darunter versteht man das Markieren der Versetzungslinie durch Ausscheidungen) usw. Abb. 9 zeigt als Beispiel

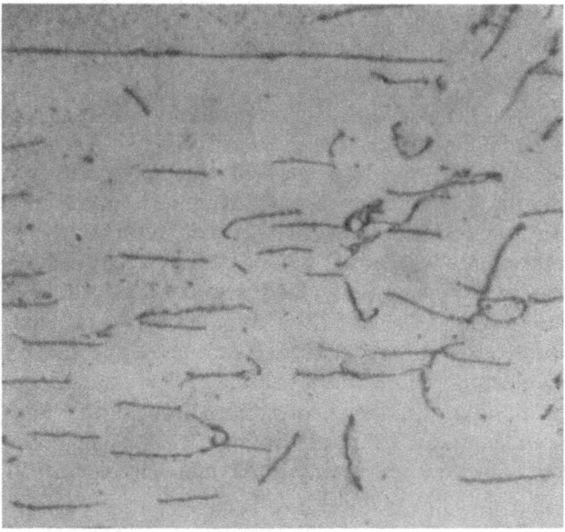

Abb. 9. Elektronenmikroskopische Aufnahme von Versetzungen in einer Eisenfolie (60000 ×)

das transmissionselektronenmikroskopische Bild von Versetzungen in einer unverformten Eisenfolie bei 60000facher Vergrößerung.

In Verbindungen treten außer den bisher erwähnten Gitterdefekten, die in reinen Metallen vorkommen, noch weitere Typen von Fehlstellen auf. Dabei ist die geordnete Verteilung der einzelnen Atomsorten auf die Gitterplätze gestört.

Die Grundtypen einphasiger Legierungen oder sogenannter homogener fester Lösungen sind die folgenden:

1. *Substitutionsmischkristalle*
   Die Atome der zulegierten Substanz besetzen reguläre Plätze im Kristallgitter der Grundsubstanz.
2. *Einlagerungsmischkristalle*
   Die gewöhnlich relativ kleinen Atome des gelösten Stoffes sind auf Zwischengitterplätzen des Kristallgitters der Grundsubstanz angeordnet.
3. Legierungen mit sogenannten *strukturellen Leerstellen*[1]).

In den Substitutionsmischkristallen können die Atome der verschiedenen Sorten entweder ungeordnet auf die vorhandenen Gitterplätze verteilt oder mehr oder weniger regelmäßig angeordnet sein. Sie bilden dann eine sogenannte *geordnete Struktur* (*Überstruktur*). Im Falle einer strengen Ordnung in der Reihenfolge der Atome besitzt die Legierung ein völlig regelmäßiges periodisches Kristallgitter. Die Abb. 10a und 10b zeigen eine ungeordnete und die geordnete Atomverteilung einer binären Legierung mit kubisch-raumzentriertem Gitter vom β-Messing-Typ. In der Legierung, die sich im völlig geordneten Zustand befindet, sind alle Ecken der kubischen Zellen, die vereinbarungsgemäß als Gitterpunkte des

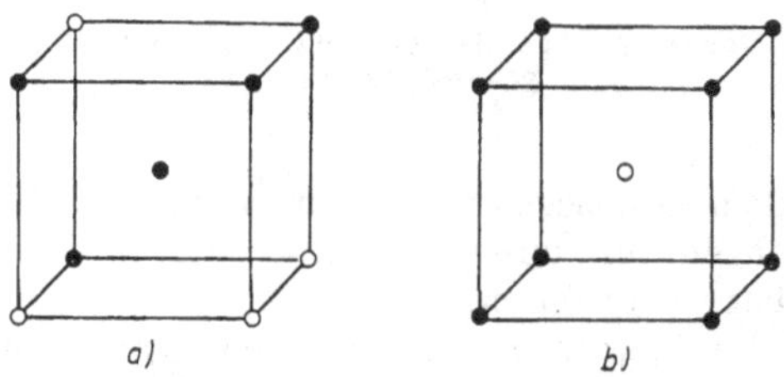

Abb. 10. Atomanordnung in einer Legierung vom β-Messing-Typ
a) ungeordneter Zustand; b) vollständig geordneter Zustand; ● – A-Atome; ○ – B-Atome

[1]) Eine spezielle Bezeichnung für diesen Typ existiert in der deutschsprachigen Literatur nicht (Anm. d. Übersetzers).

ersten Typs bezeichnet werden sollen, durch Atome der Sorte A besetzt. In den Zentren der Zellen (Gitterpunkte des zweiten Typs) finden wir die B-Atome. In ungeordneten oder nicht völlig geordneten Legierungen, deren Komponenten verschiedene Atomradien besitzen, entstehen außer der Störung der Kristallperiodizität durch unregelmäßige Aufeinanderfolge der Atome zusätzlich noch geometrische Verzerrungen des Kristallgitters.

Geordnete Legierungen können verschiedene Kristallgitter besitzen. Als Beispiele sollen hier dienen: FeAl, Fe_3Al, FeCo, CuPd, AuCu, $AuCu_3$, $MnNi_3$, $FeNi_3$, CuPt, Cu_2MnAl.

In geordneten Legierungen kann man zwei oder mehr Untergitter konstruieren, die jeweils durch Atome einer ganz bestimmten Sorte gebildet werden. Diese Untergitter können sich im Kristall über größere Entfernungen erstrecken. Das Vorliegen einer solchen Ordnung wird als *Fernordnung* bezeichnet. Der Ordnungszustand läßt sich aber auch noch in einer anderen Weise charakterisieren. Man betrachtet die nächsten Nachbarn eines Atoms und untersucht, inwieweit die erste Koordinationssphäre aller Atome einer Sorte stets gleich ist. Ist dies erfüllt, so liegt eine ausgeprägte *Nahordnung* vor.

Ungeordnete Legierungen weisen keine Fernordnung auf, d. h., es sind keine vorzugsweise durch jeweils eine bestimmte Atomsorte realisierten Untergitter auffindbar. Trotzdem kann in diesen Legierungen eine Nahordnung vorliegen. Die Entstehung der Nahordnung hängt dann damit zusammen, daß ein Atom auf einem bestimmten Gitterplatz einen Einfluß auf die Wahrscheinlichkeit ausübt, welche anderen Atome die Nachbargitterplätze einnehmen. Es kommt zu einer Korrelation in den Besetzungsverhältnissen. Die Atomverteilung in einer solchen ungeordneten Legierung verliert damit ihren zufälligen Charakter. Um die Atome der einen Komponente gruppieren sich bevorzugt die einer bestimmten anderen. Dadurch entstehen in der Legierung Konzentrationsschwankungen in atomaren Bereichen, durch die die

Regelmäßigkeit des Kristallaufbaus in charakteristischer Weise gestört wird.

Daneben treten in Legierungen manchmal Konzentrationsschwankungen in Gebieten auf, die groß gegen atomare Dimensionen sind. In einer solchen „modulierten“ Struktur wechseln mit einer Komponente angereicherte und abgereicherte Teilbereiche längs bestimmter Richtungen einander ab.

In den Einlagerungsmischkristallen, in denen die eingelagerten Atome nur einen Teil der vorhandenen Zwischengitterplätze eines bestimmten Typs besetzen, treten Periodizitätsstörungen in der Atomanordnung und Gitterverzerrungen der in Abb. 6b gezeigten Art auf. Typische Beispiele für Einlagerungsmischkristalle sind die festen Lösungen von Kohlenstoff im kubisch-raumzentrierten α-Eisen bzw. bei höheren Temperaturen im kubisch-flächenzentrierten γ-Eisen (siehe 2.4.).

Eine Gitterstörung besonderer Art liegt in intermetallischen Verbindungen mit strukturellen Leerstellen vor. Für solche Verbindungen ist charakteristisch, daß unbesetzte Gitterplätze oder Leerstellen direkt als Strukturelemente des Kristallgitters dienen. Ein Beispiel hierfür ist CoAl mit Aluminiumüberschuß. In dieser intermetallischen Verbindung sind alle Gitterplätze im Aluminiumuntergitter durch Aluminiumatome besetzt; im Kobaltuntergitter sind unbesetzte Gitterplätze, sogenannte strukturelle Leerstellen, neben den Kobaltatomen vorhanden.

Der Aufbau vieler technischer Legierungen ist stark inhomogen. Derartige Legierungen können aus Kristalliten mit unterschiedlicher Zusammensetzung gebildet werden, die strukturell und damit in ihren Eigenschaften stark voneinander abweichen (Phasengemische). Eine Regelmäßigkeit des kristallinen Aufbaus tritt nur noch in kleinen Teilbereichen auf.

Bei der Bildung ordnungsfähiger Legierungen aus zwei Metallen A und B können Inhomogenitäten eines bisher noch nicht betrachteten Typs entstehen. Innerhalb der ungeordneten Struktur bilden sich bei Unterschreitung einer bestimmten Temperatur gleichzeitig an verschiedenen Stellen Keime eines geordneten Zustandes. Die Keimzentren sind Ausgangspunkte für das Wachstum der geordneten Strukturen; dieses wird beendet, wenn das gesamte Legierungsvolumen aus geordneten Teilbereichen besteht. Dabei können in unterschiedlichen Teilbereichen, die als Antiphasendomänen bezeichnet werden, die Untergitter verschieden auf die regulären Gitterplätze verteilt sein, d. h. an der Grenze zweier Domänen passen die Untergitter nicht nahtlos aneinander. Eine solche Grenze ist für einen einfachen zweidimensionalen Fall in Abb. 11 dargestellt.

```
B A B A B | B A B A B
A B A B A | A B A B A
B A B A B | B A B A B
A B A B A | A B A B A
B A B A B | B A B A B
```

Abb. 11.
Antiphasengrenze (gestrichelt) in einer A – B-Legierung

Diese Antiphasengrenzen sind ebenfalls typische Kristallbaufehler in (ordnungsfähigen) Legierungen.

Häufig entstehen Verzerrungen des Kristallgitters als Ergebnis verschiedener auf das Metall einwirkender äußerer Faktoren, wie Deformation, ionisierende Strahlung, Wärmebehandlung und nachfolgendes Abschrecken usw. So können sich insbesondere unter der Einwirkung energiereicher Teilchen Fehlstellen und Fehlstellenagglomerate bilden. Entlang der Bahn eines solchen Teilchens entsteht z. B. im Kristall ein schlauchförmiges Gebiet mit einer hohen Konzentration an Leerstellen und Zwischengitteratomen. Unter Strahlungseinfluß bildet sich ferner eine besondere Konfiguration eines Zwischengitteratoms, das als *Crowdion* bezeichnet wird. Dabei befinden sich längs einer dicht gepackten Gitterrichtung auf einem Abschnitt, der normalerweise von n Atomen besetzt wird, $n + 1$ Atome; n ist im allgemeinen etwa gleich 5, in speziellen Fällen auch größer. Ein energiereiches Teilchen kann seine Energie auch auf eine größere Gruppe von Atomen übertragen. Als Folge tritt eine lokale Erwärmung des betreffenden Kristallgebietes auf, wobei unter Umständen die Schmelztemperatur des Metalls überschritten werden kann. Dabei entsteht eine Störung des Kristallgitters, die man als *Thermospikes* bezeichnet. In einem solchen Gebiet ist also das Metall lokal aufgeschmolzen, erneut kristallisiert und sehr rasch abgekühlt (abgeschreckt) worden. Dabei kann entweder eine neue Struktur in diesem Gebiet entstehen, oder es werden verschiedene Gitterstörungen in der ursprünglichen Kristallstruktur hervorgerufen.

Je nach ihrer geometrischen Ausdehnung unterteilt man die Gitterstörungen in nulldimensionale oder punktförmige Gitterfehler, eindimensionale oder linienförmige Gitterfehler, zweidimensionale oder flächenhafte Gitterfehler und dreidimensionale oder Volumendefekte. Zu den *punktförmigen* Gitterfehlern gehören Leerstellen, Zwischengitteratome, Verunreinigungsatome, die reguläre Gitterplätze der Kristallstruktur besetzen und ferner Atome, die „falsche" Gitterplätze in einer geordneten Legierung einnehmen. In diesen Fällen ist das Verzerrungszentrum in einem bestimmten Gitterpunkt lokalisiert; die Gitterverzerrungen klingen mit zunehmender Entfernung von diesem Zentrum nach allen Richtungen hin rasch ab. Die wichtigsten linienförmigen Gitterfehler sind die Versetzungen. Die Gitterverzerrung erfaßt hier ein schlauchförmiges Gebiet entlang der Versetzungslinie. Sie wird mit zunehmendem Abstand von ihr schwächer. *Zweidimensionale* Gitterfehler sind Stapelfehler sowie Subkorn-, Korn- und Zwillingsgrenzen. *Dreidimensionale* Defektstrukturen liegen unter anderem in Form von fremdphasigen Einschlüssen und Poren vor.

Die Anzahl und die Verteilung der verschiedenen Gitterfehler üben auf die meisten Eigenschaften der Metalle und

Legierungen einen starken Einfluß aus; einzelne Eigenschaften werden sogar vollständig durch das Verhalten von Gitterstörungen bestimmt. Deshalb ist das Studium der verschiedenen Gitterfehler eine der wichtigsten Aufgaben der Metallphysik. Ziel dieser Untersuchungen ist es, die gewonnenen Kenntnisse über die Gitterdefekte bei der Herstellung metallischer Werkstoffe mit geforderten Gebrauchsparametern nutzbringend anzuwenden.

1.3. Das Elektronensystem

Wie bereits erwähnt, besitzen die Elektronen eine sehr kleine Masse und zeigen ausgeprägte Welleneigenschaften. Eine strenge mathematische Behandlung des Elektronensystems ist deshalb nur mit den Methoden der Quantenmechanik möglich. Die erforderlichen Rechnungen bereiten große Schwierigkeiten und sind nicht exakt durchführbar.

Der Grund dieser Schwierigkeiten liegt in der Wechselwirkung, die zwischen den Elektronen besteht. Die Bestimmung der möglichen Zustände des Elektronensystems im Kristallgitter wird dadurch wesentlich erschwert. Deshalb ist man auf verschiedene Näherungsverfahren zur Lösung dieser Aufgabe angewiesen. Die Wechselwirkungskräfte werden nur in den Fällen durch solche aufwendige Näherungsverfahren berücksichtigt, in denen sie die zu beschreibenden Erscheinungen maßgeblich bestimmen. In anderen Fällen — bei nur schwachem Einfluß dieser Kräfte — bezieht man die Wechselwirkung entweder nur durch grobe Näherungen in die Rechnung ein oder berücksichtigt sie überhaupt nicht. In einem solchen einfachen Modell bewegen sich die Elektronen unabhängig voneinander. Diese Annahme vereinfacht das Problem sehr stark und führt dazu, nur die Bewegung eines Elektrons im Kristallgitter der positiv geladenen Ionen zu betrachten (Einelektronen-Theorie).

Die Lösung dieser Aufgabe liefert das folgende Ergebnis: Die Energie eines Elektrons im Kristallgitter (das als ideal betrachtet werden soll) kann analog zum Fall des Atoms nicht beliebige, sondern nur bestimmte Werte annehmen. Jedoch sind diese möglichen Energiewerte für die freien Metallelektronen nicht so scharf definiert wie im Fall des Atoms. Sie bilden praktisch stetige Energieintervalle, die durch „verbotene" Energiebereiche voneinander getrennt sind.

Solche verbotenen Energiewerte kann das Elektron auf Grund seiner Quanteneigenschaften im allgemeinen nicht annehmen. Trägt man analog zu Abb. 2 die möglichen Energiewerte eines Elektrons entlang einer vertikalen Achse auf und zeichnet senkrecht zu dieser Linie Parallelen durch die Intervallgrenzen, so erhält man eine Darstellung des Energiespektrums der Elektronen im Kristallgitter. Einen Ausschnitt daraus zeigt Abb. 12a. Eine charakteristische Eigenschaft dieses Spektrums besteht darin, daß mit Vergrößerung der Energie E die Breite der „erlaubten" Bereiche zunimmt und die der „verbotenen" kleiner wird.

Die gleiche Form des Energiespektrums der Elektronen im Kristallgitter kann auch durch eine andere Über-

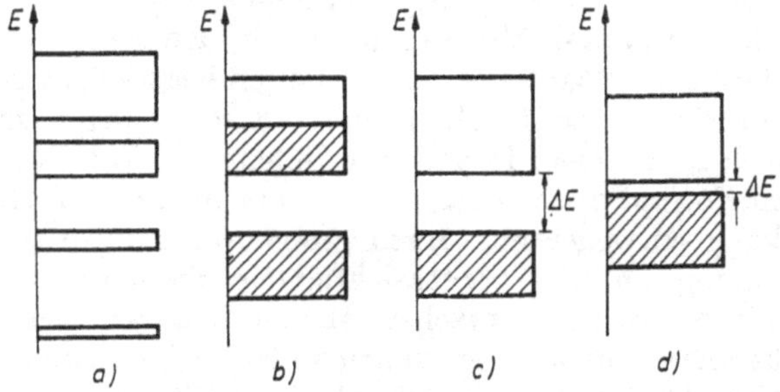

Abb. 12. Schematische Darstellung des Energiespektrums eines Elektrons im Kristallgitter (a). Besetzungszustände der Energiebänder im Falle b) eines Metalls; c) eines Isolators; d) eines Halbleiters. Die mit Elektronen besetzten Zustände der Bänder sind schraffiert

legung erhalten werden. Wie schon erwähnt, besitzen freie Atome ein diskretes Energiespektrum mit scharf definierten Energieniveaus (siehe Abb. 2). Man kann nun zeigen, daß bei Annäherung vieler freier Atome und bei Bildung eines Kristallgitters die Energieterme, auf denen sich die Elektronen in freien Atomen befinden, unter dem Einfluß einer Elektron-Elektron-Wechselwirkung aufspalten. Es entsteht eine große Anzahl nahe beieinanderliegender Niveaus, die Bänder möglicher Energiewerte bilden. Die Bänder sind durch „verbotene“ Bereiche getrennt, sofern sie sich nicht überlappen (was auch im weiteren ausgeschlossen werden soll).

Jedes „erlaubte“ Band enthält eine bestimmte Anzahl möglicher Zustände, die durch Elektronen besetzt werden können. Diese Zustände bilden die sogenannten *Zonen*. Der Zustand eines Elektrons im Kristallgitter wird bestimmt durch die Zuordnung zu einem bestimmten Band, durch den Wellenvektor $\boldsymbol{k}$ und durch die Spineinstellung. Der Wellenvektor $\boldsymbol{k}$ charakterisiert die Elektronenwelle im Gitter und ist mit dem Impuls des Elektrons verknüpft. Der Spin kann nach den Gesetzen der Quantenphysik nur zwei einander entgegengesetzte Einstellungen besitzen.

Zur Beschreibung eines Systems, das aus einer großen Zahl von Elektronen besteht, werden quantenstatistische Gesetze herangezogen. Teilchen mit halbzahligem Spin, beispielsweise Elektronen (siehe Abschnitt 1.1.), werden mit der Fermi-Dirac-Statistik behandelt. Diese Statistik beruht auf dem Pauli-Prinzip. Es besagt, daß sich niemals zwei oder mehr Elektronen in ein und demselben Zustand befinden können. Folglich kann jeder Zustand entweder durch ein Elektron besetzt sein oder freibleiben. In jedem Zustand besitzt das Elektron eine bestimmte Energie. Die Zahl der möglichen Zustände in einem Band ist außerordentlich groß; sie liegt in der gleichen Größenordnung wie die Zahl der den Kristall bildenden Atome.

Die Elektronenzustände einer Zone, die durch den Wellenvektor $\boldsymbol{k}$ charakterisiert sind, stellt man anschaulich im $\boldsymbol{k}$-Raum dar. Er wird durch drei aufeinander senkrecht stehende Koordinatenachsen gebildet, auf denen k_x, k_y und k_z aufgetragen werden. Die $\boldsymbol{k}$-Vektoren, die den möglichen Bewegungszuständen des Elektrons entsprechen, werden im $\boldsymbol{k}$-Raum vom Koordinatenursprung aus angetragen. Die Endpunkte dieser Vektoren liegen für alle Zustände einer Zone in einem für das jeweilige Gitter charakteristischen Polyeder, das

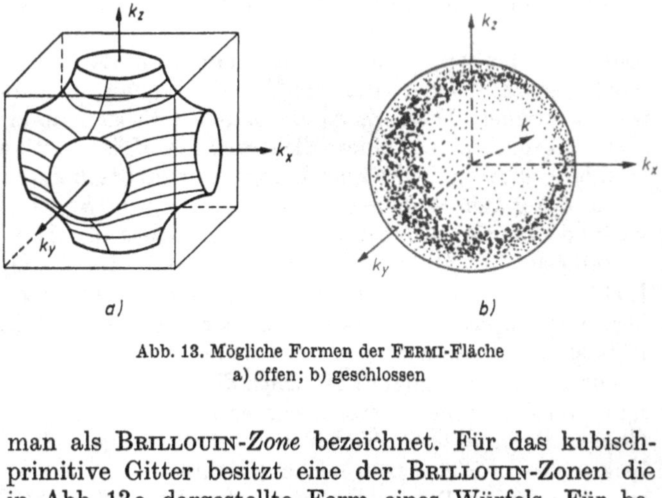

Abb. 13. Mögliche Formen der FERMI-Fläche
a) offen; b) geschlossen

man als BRILLOUIN-*Zone* bezeichnet. Für das kubisch-primitive Gitter besitzt eine der BRILLOUIN-Zonen die in Abb. 13a dargestellte Form eines Würfels. Für bestimmte Überlegungen unterteilt man den $\boldsymbol{k}$-Raum aus Gründen der Anschaulichkeit in kleine Zellen, deren Anzahl gleich der Zahl der möglichen $\boldsymbol{k}$-Vektoren ist. Jede Zelle in einer vorgegebenen Zone entspricht zwei Elektronenzuständen mit entgegengesetzt gerichtetem Spin, den man vereinbarungsgemäß als nach oben oder nach unten orientiert betrachtet.

Der Gleichgewichtszustand eines Kristalls ist durch ein Energieminimum gekennzeichnet. Deshalb werden beim absoluten Temperaturnullpunkt zunächst die Zellen mit den kleinstmöglichen Energiewerten mit Elektronen besetzt. Solchen Zellen entsprechen kleine $\boldsymbol{k}$-Werte, d. h. die zugehörigen $\boldsymbol{k}$-Vektoren liegen im $\boldsymbol{k}$-Raum in der Nähe des Koordinatenursprungs. Jedoch ist wegen des Pauli-Prinzips eine Besetzung der Zellen nur mit höchstens zwei Elektronen möglich. Die Verteilung erfolgt so, daß alle Zustände bis zu einem gewissen Grenzwert durch jeweils ein Elektron besetzt sind. In der Zone können noch freie Zustände mit größeren Energiewerten vorhanden sein, wenn die Zahl der Elektronen zur völligen Auffüllung aller Zustände nicht ausreicht.

Dementsprechend sind in Festkörpern die beiden folgenden, sich voneinander wesentlich unterscheidenden Fälle möglich (siehe auch Abschnitt 1.4.):

1. Alle Zustände in der Brillouin-Zone sind bei der Temperatur $T = 0$ mit Elektronen besetzt.
2. Ein Teil dieser Zustände ist nicht besetzt.

Im zweiten Fall füllen die Elektronen nur den Teil der Brillouin-Zone, der kleinen Energien entspricht. Vom unbesetzten Teil ist er durch eine Fläche im $\boldsymbol{k}$-Raum getrennt, auf der die Energie der Elektronen gleich der Fermi-*Energie* ist. Diese Grenzfläche wird als Fermi-*Fläche* bezeichnet.

Beim absoluten Nullpunkt sind alle Zellen innerhalb der Fermi-Fläche vollständig besetzt, d. h., sie enthalten jeweils zwei Elektronen mit unterschiedlicher Spinorientierung. Alle Zustände mit höheren Energien bleiben unbesetzt.

Im Falle freier Elektronen, die nicht mit einem Kristallgitter wechselwirken, ist die Fermi-Fläche eine Kugel (Abb. 13b). Im realen Festkörper kann sich die Form der Fermi-Fläche sehr stark von der einer Kugel unterscheiden. Man kann die Fermi-Flächen in zwei Arten unterteilen: geschlossene und offene Fermi-Flächen. Zu den geschlossenen gehört zum Beispiel die Kugeloberfläche (Abb. 13b). In Abb. 13a ist eine offene

FERMI-Fläche innerhalb einer BRILLOUIN-Zone dargestellt, die nach außen gerichtete Öffnungen zeigt (sogenannte „Hälse"). Zu den Metallen mit offener FERMI-Fläche gehört z. B. Kupfer (vgl. Abb. 14).

Die Form der FERMI-Fläche und insbesondere ihre Zugehörigkeit zum geschlossenen oder offenen Typ bestimmt wesentlich die elektronischen Eigenschaften der

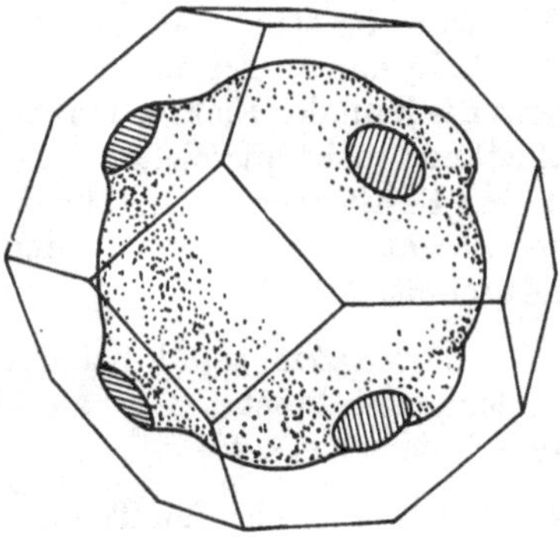

Abb. 14.
FERMI-Fläche von Kupfer

Metalle. Deshalb ist das theoretische und experimentelle Studium von FERMI-Flächen eine der wichtigsten Aufgaben der Metallphysik.

Die Entwicklung der Theorie des metallischen Zustandes gestattete es, die verschiedenen experimentell untersuchten Erscheinungen mit der speziellen Form der FERMI-Fläche in Verbindung zu bringen. Damit wurde gleichzeitig die Möglichkeit gewonnen, aus experimentellen Daten FERMI-Flächen zu berechnen und zu konstruieren. Wertvolle Informationen liefert das Verhalten von hochreinen Metallen mit nahezu ungestörtem Gitter bei sehr tiefen Temperaturen unter dem Einfluß starker Magnetfelder. Unter diesen Bedingungen hängen viele physikalische Größen in charakteristischer Weise von der Stärke des Magnetfeldes ab. Diese Eigenschaften zeigen keine monotone Abhängigkeit, sondern durchlaufen Maxima und Minima. Ein solches Verhalten beobachtet man beispielsweise beim elektrischen Widerstand und bei der magnetischen Suszeptibilität. Beide werden in den Abschnitten 3.3. und 3.6. noch ausführlich betrachtet. Diese oszillierenden Abhängigkeiten sind eng mit der Form der FERMI-Fläche verknüpft.

Ferner wird zur Untersuchung von FERMI-Flächen die Zyklotronresonanz in Metallen erfolgreich angewandt. Diese Erscheinung wird bei tiefen Temperaturen in reinen, ungestörten Metallkristallen beobachtet, die sich in einem hochfrequenten elektromagnetischen Feld befinden, dem ein konstantes Magnetfeld parallel zu einer Probenoberfläche überlagert ist. Das hochfrequente elektromagnetische Feld erfaßt nur eine sehr dünne Oberflächenschicht des Metalls, das Innere der Probe ist feldfrei (sogenannter *Skin-Effekt*). Sich bewegende Elektronen durchlaufen in dem konstanten Magnetfeld schraubenförmig gekrümmte Bahnen. Dabei kann der Fall eintreten, daß die Elektronen bei jedem Umlauf in die Oberflächenschicht eindringen und dabei unter den Einfluß des Hochfrequenzfeldes geraten (Abb. 15). In einem hochfrequenten elektromagnetischen Feld wechselt die elektrische ebenso wie die magnetische Feldstärke periodisch ihre Richtung. Einige Elektronen werden nun in dem Moment in die Oberflächenschicht des Metalls gelangen, in dem das elektrische Wechselfeld gerade so gerichtet ist, daß es sie zu beschleunigen vermag. Die Energie der Elektronen vergrößert sich bei der Beschleunigung. Stimmen Umlauffrequenz des Elektrons auf der Schraubenbahn und die Frequenz des Wechselfeldes überein (bzw. ist die Feldfrequenz ein Vielfaches der Umlauffrequenz), wird das Elektron stets dann wieder in die Oberflächenschicht eintreten, wenn dort das elektrische Feld die gleiche Richtung hat. Analog der Beschleunigung von Teilchen im Zyklotron gewinnt das Elektron ständig an Energie. Der beschriebene Prozeß äußert sich in einer Resonanzabsorption der Energie des Hochfrequenzfeldes durch die Elektronen.

Die charakteristischen Parameter der Zyklotronresonanz werden durch die Form der FERMI-Fläche bestimmt und können deshalb zu deren experimenteller Untersuchung dienen.

Zur Bestimmung von FERMI-Flächen wird häufig die Ultraschallabsorption in Metallen, die sich in einem Magnetfeld befinden, angewandt (sogenannter magnetoakustischer Effekt). In diesem Fall ist eine Resonanzabsorption der Energie des Ultraschallfeldes durch die

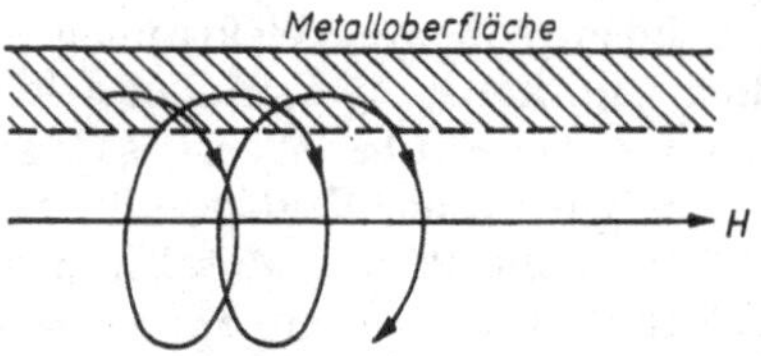

Abb. 15. Elektronenbahn bei der Zyklotronresonanz. In das schraffierte Gebiet des Metalls dringt das Hochfrequenzfeld ein. Der Pfeil gibt die Richtung des konstanten Magnetfeldes $\boldsymbol{H}$ an

Elektronen möglich. Die Kenngrößen des Absorptionsvorganges hängen eng mit der Gestalt der FERMI-Fläche zusammen.

Der Skin-Effekt liefert in reinen Metalleinkristallen bei tiefen Temperaturen ebenfalls wesentliche Erkenntnisse über die Geometrie der FERMI-Fläche. Unter diesen extremen Bedingungen zeigt der Effekt ein besonderes Verhalten und wird deshalb als anomaler Skin-Effekt bezeichnet.

Im folgenden soll noch eine weitere Methode zur Untersuchung der FERMI-Fläche erwähnt werden, die weder ein starkes Magnetfeld noch extrem tiefe Temperaturen erfordert. Dabei wird ein Metalleinkristall mit Positronen bestrahlt. Ein Positron ist ein Teilchen, dessen Masse gleich der eines Elektrons und dessen Ladung positiv und dem Betrage nach gleich der eines Elektrons ist. Das Positron ist also das Antiteilchen zum Elektron. Die einfallenden Positronen werden im Metall rasch auf kleine Geschwindigkeiten abgebremst und treffen auf die Elektronen. Es kommt zu einer sehr interessanten Erscheinung, die als *Positronenannihilation* bezeichnet wird.

Bei diesem Prozeß vereinigen sich Elektron und Positron. Als Ergebnis dieses Vorganges entstehen Photonen, d. h. Quanten des elektromagnetischen Feldes. Im vorliegenden Fall handelt es sich speziell um γ-Quanten. Da die positiv geladenen Ionenrümpfe durch ihre abstoßende Wirkung eine Reaktion mit den Elektronen der inneren Schalen verhindern, vereinigen sich die Positronen vorzugsweise mit den Leitungselektronen. Bei der Verschmelzung eines Positrons und eines Elektrons entstehen im allgemeinen zwei γ-Quanten, die nach verschiedenen Seiten abgestrahlt werden.

Bei einer solchen Umwandlung müssen allgemeine Naturgesetze erfüllt sein, insbesondere dürfen der Energie- und der Impulserhaltungssatz nicht verletzt werden. Der Impulserhaltungssatz fordert, daß der Gesamtimpuls der Teilchen vor der Umwandlung gleich dem nach der Umwandlung ist, d. h., die Vektorsumme der Impulse von Elektron und Positron muß gleich der Vektorsumme der Impulse der Photonen sein. Für das Elektron und das Positron übernimmt im Kristallgitter der oben eingeführte Wellenvektor $\boldsymbol{k}$ (gemessen in entsprechenden Einheiten) die Rolle des Impulses.

Würden sich Elektron und Positron bis zum Verschmelzungsprozeß in Ruhe befinden — ihre Wellenvektoren wären dabei gleich Null —, dann müßte auch der Gesamtimpuls der γ-Quanten Null sein. Damit ihre Impulse sich gegenseitig kompensieren, müßten in diesem Fall die beiden γ-Quanten unter einem Winkel von 180° zueinander wegfliegen. Während nun der Wellenvektor der abgebremsten Positronen verschwindend klein und deshalb vernachlässigbar ist, muß aber der der Elektronen, der wesentlich von Null verschieden ist, berücksichtigt werden. Deshalb wird bei der Annihilation eines langsamen Positrons und eines Elektrons der Winkel zwischen beiden γ-Quanten vom Wellenvektor $\boldsymbol{k}$ des

Elektrons bestimmt und im allgemeinen merklich von 180° abweichen.

Zur Bestimmung der FERMI-Fläche wird der Winkel zwischen den beiden bei der Positronenannihilation entstehenden γ-Quanten für eine Vielzahl solcher Prozesse gemessen. Die Wellenvektoren $\boldsymbol{k}$ der beteiligten Elektronen liegen in dem Gebiet des $\boldsymbol{k}$-Raumes, das durch die FERMI-Fläche begrenzt wird (siehe Abb. 13). Bei geeigneter Versuchsanordnung verlassen die γ-Quanten innerhalb eines bestimmten Winkelbereiches die Metallprobe. Der Querschnitt dieser Ausflugschneise liefert auf einem Bildschirm eine Projektion der FERMI-Fläche. Durch Änderung der Orientierung des Kristalls lassen sich verschiedene Projektionen dieser Fläche finden, und man kann auf diesem Wege schließlich ihre vollständige Form konstruieren. Mit dieser Methode wurde kürzlich erfolgreich die FERMI-Fläche von Kupfer (siehe Abb. 14) bestimmt. Die erhaltenen Ergebnisse stimmten mit denjenigen magnetoakustischer Messungen gut überein.

Aus der Kenntnis des Energiespektrums der Elektronen in Kristallen und dem Auffüllungsgrad der Bänder folgt die Antwort auf eine in der Festkörperphysik prinzipiell wichtige Frage: Warum ist der eine Festkörper ein Metall, ein anderer ein Isolator (Dielektrikum) und ein dritter ein Halbleiter? Da diese Frage sehr interessant ist, soll ihr der folgende Abschnitt gewidmet werden.

1.4. Metalle, Isolatoren und Halbleiter

Es sei an das Bändermodell eines Elektrons im Kristallgitter erinnert, wie es Abb. 12a zeigt. Beim absoluten Temperaturnullpunkt soll das oberste Band, das überhaupt noch Elektronen enthält, nicht vollständig besetzt sein. In allen tiefer liegenden Bändern sollen sämtliche

Zustände mit Elektronen abgesättigt sein (siehe Abb. 12b). Im obersten Band bleiben demzufolge Zustände (bzw. die ihnen äquivalenten Energieniveaus) unbesetzt, d. h., die FERMI-Grenze liegt innerhalb dieses Bandes.

Welches Verhalten zeigt ein Festkörper mit einer solchen Besetzung der Energiebänder beim Anlegen eines elektrischen Feldes? Das elektrische Feld übt auf die Elektronen eine bestimmte Kraft aus, wobei einige der Elektronen Energie aufnehmen und in bisher unbesetzte höhere Zustände übergehen. Unter den betrachteten Voraussetzungen ist das immer möglich, da neben den besetzten auch freie Niveaus im gleichen Energieband vorliegen und der Übergang der Elektronen in diese freien Niveaus nicht durch ein verbotenes Band behindert wird. Infolge der Beschleunigung der Elektronen durch das Feld entsteht im Körper ein elektrischer Strom. Dieses Verhalten charakterisiert einen elektrischen Leiter und gehört zu den Kennzeichen des metallischen Zustandes. Solche Stoffe zeigen auch beim absoluten Temperaturnullpunkt eine endliche Leitfähigkeit (dieser Fall soll betrachtet werden).

Bei einem anderen Typ von Festkörpern sind sowohl das oberste Band, das noch Elektronen enthält, als auch alle darunterliegenden Bänder beim absoluten Nullpunkt vollständig besetzt. Alle höherliegenden Bänder bleiben dagegen frei (siehe Abb. 12, c und d). Legt man an einen solchen Körper ein elektrisches Feld an, erhält man ein wesentlich anderes Ergebnis. In diesem Falle ist es den Elektronen nicht möglich, Energie aufzunehmen, weil sie dann in einen verbotenen Energiebereich übergehen würden. Dazu sind die Elektronen aber nicht in der Lage Innerhalb der Bänder aber sind alle Zustände besetzt und wegen des PAULI-Prinzips ist es nicht möglich, mehr als ein Elektron pro Zustand einzubauen. In einem solchen Festkörper können die Elektronen nicht durch das elektrische Feld beschleunigt werden und als Träger des elektrischen Stromes dienen. Diese Stoffe besitzen beim absoluten Temperaturnullpunkt demzufolge überhaupt keine elektrische Leitfähigkeit, sie sind Nichtmetalle.

Allerdings kann auch in diesem Fall Leitfähigkeit auftreten, wenn die Elektronen des obersten gefüllten Bandes durch einen hinreichenden Energiezuwachs die verbotene Zone überspringen und in ein freies Band gelangen können. Unter diesen Umständen können die Elektronen durch ein elektrisches Feld beschleunigt werden. Zum Stromtransport tragen dann auch Elektronen des darunterliegenden Bandes bei, weil als Ergebnis des Überganges eines Teils der Elektronen hier freie Plätze entstanden sind, sogenannte *Löcher*. Die für den Übergang der Elektronen in das obere Band nötige Energie kann auf verschiedene Art und Weise aufgebracht werden. Dazu dienen z. B. Wärmeschwingungen des Kristallgitters bei Temperaturerhöhung oder die bei der Bestrahlung des Körpers mit Licht entsprechender Wellenlänge absorbierte Lichtenergie. Durch den beschriebenen Elektronenübergang kann der Körper einen elektrischen Strom leiten.

Es soll nun der Fall der thermischen Anregung untersucht werden. Die Leitfähigkeit wächst dabei sehr schnell mit der Temperaturerhöhung an. Die Zahl der Elektronen, die bei einer bestimmten vorgegebenen Temperatur in das obere Band überwechseln können, hängt stark von der Breite ΔE der „verbotenen" Zone ab. Ist ΔE hinreichend groß (siehe Abb. 12c), bleibt die Zahl der Elektronen im oberen Band bei allen Temperaturen bis hinauf zur Schmelztemperatur sehr klein, und es wird praktisch keine Leitfähigkeit beobachtet. Solche Körper sind *Isolatoren*. Wenn aber ΔE klein ist (siehe Abb. 12d), kann eine große Zahl Elektronen in das obere Band übertreten, und der Körper erlangt bei der Erwärmung stark ausgeprägte Leitereigenschaften. Solche Substanzen sind *Halbleiter*.

Entsprechend nennt man die Elektronen in den teilweise besetzten Energiebändern des Festkörpers, die seine Leitfähigkeit verursachen, *Leitungselektronen*.

In vielen Halbleitern liefern z. B. bestimmte Fremdatome die Leitungselektronen. Dabei treten zusätzliche „erlaubte“ Bereiche auf, die in der Nähe der unteren Grenze des oberen, leeren Bandes (Leitungsband) liegen. Durch thermische Anregung können die Elektronen von solchen Niveaus aus in das Leitungsband übergehen und dann den Stromtransport übernehmen. Beimischungen (Dotierungen) anderer Art erzeugen zusätzliche Energieniveaus im „verbotenen“ Bereich, die in der Nähe der oberen Grenze des letzten besetzten Bandes liegen. Die Elektronen können durch thermische Anregung aus diesem Band in die Niveaus der Fremdatome überspringen. Die dabei im unteren Band entstehenden Löcher werden zu Trägern des Stromflusses, d. h., sie rufen die bei höheren Temperaturen zu beobachtende Leitfähigkeit hervor.

Es soll noch bemerkt werden, daß zwischen Isolatoren und Halbleitern kein so prinzipieller Unterschied besteht wie zwischen Metallen und Nichtmetallen. Metalle sind Festkörper, die beim absoluten Temperaturnullpunkt eine nur teilweise mit Elektronen gefüllte Zone aufweisen. Der besetzte Teil wird dabei durch die Fermi-Fläche begrenzt. Bei $T = 0$ besitzen die Metalle eine von Null verschiedene, sehr große elektrische Leitfähigkeit, d. h. einen endlichen elektrischen Widerstand. Für nichtmetallische Kristalle dagegen ist die Leitfähigkeit bei $T = 0$ gleich Null, d. h., der elektrische Widerstand wird unendlich groß (sofern außer der thermischen Anregung keine weiteren Elektronenquellen existieren).

2. Erscheinungen, die mit Hilfe des Atommodells der Metalle erklärt werden können

2.1. Wärmeschwingungen des Kristallgitters

Bisher wurden die Besonderheiten und grundlegenden Eigenschaften des Kristallgitters und der freien Elektronen betrachtet, die als zwei Untersysteme des metallischen Körpers aufgefaßt wurden. Nun sollen verschiedene in Metallen und Legierungen ablaufende physikalische Prozesse und Eigenschaften dieser Substanzen dargestellt werden. Dabei werden zunächst solche Prozesse ausgewählt, die man auch ohne Berücksichtigung des Einflusses der Elektronen verstehen kann und zu deren Erklärung das Atommodell des Metalles genügt.

Zuerst soll die Wärmebewegung der Atome des Kristallgitters betrachtet werden. Die Wechselwirkungskräfte der Atome in Metallen hängen von ihrem gegenseitigen Abstand ab. Am stärksten ist die Wechselwirkung der Atome mit ihren nächsten Nachbarn. Wenn die Atome sich auf den Gitterplätzen befinden, nehmen sie eine Gleichgewichtslage ein. Die Wechselwirkung benachbarter Atome äußert sich bei gegenseitiger Annäherung in einer abstoßenden Kraft; bei Entfernung der Atome voneinander entsteht eine Anziehungskraft. Deshalb erfährt ein Atom eine rücktreibende Kraft, wenn es aus der energetisch günstigen Gleichgewichtslage ausgelenkt wird. Unter der Wirkung dieser Kraft bewegt sich das Atom wieder auf die Gleichgewichtslage zu und schwingt infolge seiner Trägheit über diese hinaus. Der Prozeß wiederholt sich; das Atom gerät in eine Schwingungsbewegung um die Gleichgewichtslage.

Bei einer Auslenkung eines Atoms ändern sich aber auch die Kräfte, die auf die Nachbaratome wirken, was eine Lageveränderung dieser Atome zur Folge hat. In diesen Prozeß werden schrittweise Atome einbezogen, die immer weiter vom zuerst betrachteten Atom entfernt liegen, d. h., es entsteht eine wellenförmige Anregung — eine elastische Welle —, die sich im Kristall ausbreitet. Die Atome bewegen sich dabei nicht unabhängig voneinander, sondern führen eine kollektive Schwingungsbewegung aus.

Für das Auftreten solcher Schwingungen ist keine äußere Kraftwirkung auf den Körper erforderlich. Sie können durch thermische Anregung entstehen. Die Atome entfernen sich dabei nur relativ wenig aus ihren Gleichgewichtslagen. Mit Erhöhung der Temperatur wachsen die Schwingungsamplituden der Atome, bleiben aber sogar bei der Schmelztemperatur klein im Vergleich zum Abstand zwischen benachbarten Atomen. Die Wärmebewegung der Atome des Festkörpers trägt also Schwingungscharakter.

Ein Modell der Atombewegung im Kristall sind die sogenannten *Normalschwingungen*, wobei alle Atome des Körpers mit der gleichen Frequenz schwingen.

In jedem kristallinen Körper tritt in Wirklichkeit eine sehr große Zahl von Schwingungen auf, deren Frequenzen nicht beliebig groß werden können. Das Schwingungsspektrum des Festkörpers ist bei einer bestimmten Maximalfrequenz abgeschnitten. Das bedeutet, daß die Wellenlängen der elastischen Wellen des Gitters nicht beliebig klein werden können. Ihr kleinster Wert ist durch die Gitterkonstante des Kristalls bestimmt.

Interessant ist, daß im Schwingungsverhalten der Kristallatome Besonderheiten der Quantenphysik eine Rolle spielen, d. h., daß bestimmte Erscheinungen mit klassischen Methoden nicht erklärbar sind. So hört die Schwingungsbewegung im Gitter zum Beispiel sogar beim absoluten Temperaturnullpunkt nicht auf, obwohl eine thermische Anregung nicht vorhanden ist und sich das System im Zustand kleinster Energie befindet. Jedoch ist diese kleinste Energie nicht gleich Null, sondern nimmt einen bestimmten endlichen Wert an, der als *Nullpunktsenergie* bezeichnet wird.

Bekanntlich besitzt das Licht sowohl Welleneigenschaften als auch Teilchencharakter. Es kann also nicht nur durch elektromagnetische Wellen beschrieben werden, sondern auch durch einen Strom von Teilchen — Lichtquanten oder Photonen. Analog dazu hat der Quantencharakter der Wärmeschwingungen im Kristall zur Folge, daß diese nicht nur als elastische Wellen, sondern ebenfalls als ein System sich im Gitter bewegender Teilchen (sogenannter Quasiteilchen) betrachtet werden können. Diese Quasiteilchen erhielten die Bezeichnung *Phononen*.

Die Theorie der Wärmeschwingungen des Gitters vermag viele mit dieser Erscheinung verbundenen Eigenschaften der Metalle gut zu erklären. So kann man die

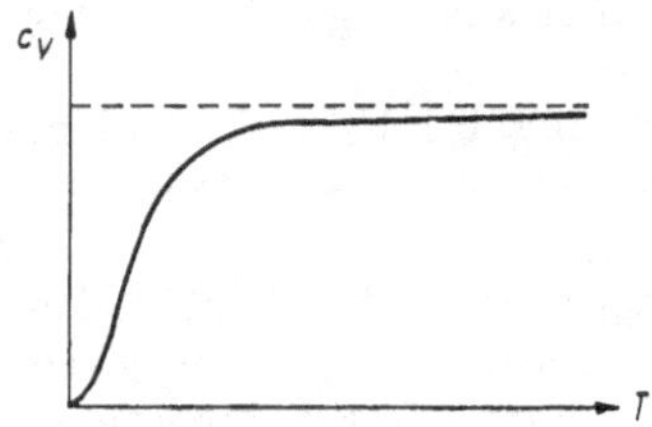

Abb. 16. Temperaturabhängigkeit des Gitteranteils der spezifischen Wärme eines Festkörpers bei konstantem Volumen

spezifische Wärme des Gitters und ihre Abhängigkeit von der Temperatur bestimmen, wenn man das Schwingungsspektrum des Kristallgitters kennt. Die Berechnung führt zu dem Ergebnis, daß bei niedrigen Temperaturen die spezifische Wärme der dritten Potenz der Temperatur proportional ist. Das bedeutet eine schnelle Abnahme bei Temperaturabfall. Im Grenzfall hoher Temperaturen hängt die spezifische Wärme nicht mehr von T ab. In Abb. 16 ist die von den Gitterschwingungen hervorgerufene spezifische Wärme (bei konstantem Volumen) c_V über der absoluten Temperatur T dargestellt.

Die Wärmeausdehnung der Festkörper ist ebenfalls mit den thermischen Gitterschwingungen verknüpft. Der Charakter der Gitterschwingungen der Atome wird durch die Form der Abhängigkeit der Wechselwirkungsenergie vom Abstand zwischen den Atomen bestimmt. Befinden sich zwei benachbarte Atome in ihren Gleichgewichtslagen, so besitzen sie eine minimale Wechselwirkungsenergie. Erhöht sich bei Vergrößerung des Abstandes zwischen den Atomen die Energie um den gleichen Betrag wie bei Verkürzung der Distanz um denselben Wert, dann besitzt die grafische Darstellung der erwähnten Abhängigkeit eine symmetrische Form. Im einfachsten Fall ist diese Kurve eine Parabel. Der Festkörper dürfte sich in diesem Fall bei einer Erwärmung überhaupt nicht ausdehnen. Nimmt aber bei Annäherung der Atome ihre Wechselwirkungsenergie stärker zu als beim Auseinanderrücken, muß sich der Festkörper bei Temperaturerhöhung ausdehen. Die Abhängigkeit dieser Energie vom Abstand zwischen den Atomen besitzt hierbei eine unsymmetrische Form. Dieses Verhalten zeigen alle realen Festkörper.[1]) Ihre Gitteratome führen anharmonische Schwingungen aus. Die thermische Ausdehnung der Festkörper wird also bedingt durch die unsymmetrische Abhängigkeit der Wechselwirkungsenergie vom Abstand der Atome.

2.2. Leerstellen und Zwischengitteratome

Für die Entstehung von Leerstellen und Zwischengitteratomen im Kristallgitter des Metalls unterscheidet man zwei verschiedene Mechanismen. Der eine Prozeß besteht darin, daß irgendein Atom, das einen Gitterplatz im Kristallinnern einnimmt, auf einen benachbarten Zwischengitterplatz überwechselt. Es wird dazu durch thermische Anregung befähigt. Es gibt nun zwei Möglichkeiten: Entweder kommt es zu einer Rekombination, d. h. zu einer Rückkehr dieses Atoms auf den ursprünglichen Gitterplatz, oder das Atom wandert zu einem

---

[1]) Ergänzend sei auf negative Werte der linearen Ausdehnungskoeffizienten mancher Stoffe (Cd, Zn, Si) für einzelne Richtungen bei tiefen Temperaturen hingewiesen. δ'-Plutonium besitzt sogar eine negative Volumenausdehnung. (Anm. d. Herausgebers).

weiter von der Leerstelle entfernt liegenden Zwischengitterplatz. In diesem Fall entsteht ein Paar von Punktdefekten im Kristallgitter — eine Leerstelle und ein Zwischengitteratom —, ein sogenanntes FRENKEL-*Paar*.

Eine Leerstelle wird erst dann stabil, wenn sich kein Zwischengitteratom in ihrer unmittelbaren Nachbarschaft befindet. Die Stabilisierung erfolgt entweder durch Abwandern des eingefügten Atoms auf einen weiter entfernten Zwischengitterplatz oder durch Besetzen der entstandenen Leerstelle mit einem benachbarten Atom. Auch hierbei entfernt sich die Leerstelle vom Zwischengitteratom. Der Prozeß wird sich so lange fortsetzen, bis die Leerstelle mit einem anderen Zwischengitteratom zusammentrifft und mit diesem rekombiniert. Dadurch können beide Punktdefekte wieder verschwinden, bevor das Zwischengitteratom oder die Leerstelle an der Kristalloberfläche ausheilen. Bei dem geschilderten Entstehungsmechanismus bildet sich gleichzeitig mit der Leerstelle auch ein Zwischengitteratom, deshalb muß die Zahl der entstehenden Leerstellen auch gleich der der Zwischengitteratome sein.

Bei dem zweiten Mechanismus der Leerstellenbildung entstehen im allgemeinen nicht gleichzeitig Zwischengitteratome. Bei diesem Prozeß erhalten in unmittelbarer Oberflächennähe liegende Atome durch thermische Anregung einen Energiezuwachs, der für ein Verlassen des Metallverbandes zwar nicht ausreicht, aber genügt, das Atom von seinen Nachbarn loszureißen und an die Oberfläche zu verlagern. Der freigewordene Gitterplatz kann nun durch ein Atom der tieferliegenden Atomschicht eingenommen werden; dabei verlagert sich die Leerstelle. Sie ist dann vollständig von besetzten Gitterplätzen umgeben. Durch weitere Platzwechselvorgänge der gleichen Art kann die Leerstelle schließlich ins Kristallinnere wandern.

Auch Zwischengitteratome können unabhängig von Leerstellen entstehen, z. B. durch Verlagerung eines Oberflächenatoms von einem regulären Gitterplatz in einen benachbarten Zwischengitterplatz. Durch ständigen Wechsel des Zwischengitterplatzes gelangt das betrachtete Atom ins Innere des Kristalls. Bei diesem Vorgang bilden sich im Kristall keine Leerstellen; das ursprünglich an der Oberfläche eingebaute Atom hinterläßt lediglich dort einen Defekt. In beiden beschriebenen Fällen erfolgt die Bildung von Leerstellen und Zwischengitteratomen unabhängig voneinander. Die Zahl der entstandenen Punktdefekte des einen oder des anderen Typs muß also nicht unbedingt gleich sein.

In den Kristallgittern der Metalle — insbesondere in dichtestgepackten Strukturen — existieren nur relativ kleine Gitterlücken. Aus diesem Grund ist der Einbau von Zwischengitteratomen mit einem hohen Energieaufwand verbunden und mithin wenig wahrscheinlich. Je größer der für die Bildung des Defektes erforderliche Energiebetrag ist, desto geringer wird die Konzentration dieser Defekte sein. Dabei sollen die Punktdefekte durch thermische Anregung entstanden sein, wobei der Kristall sich selbst im thermischen Gleichgewichtszustand befindet. Dieser Gleichgewichtszustand wird erreicht, wenn eine Metallprobe längere Zeit einer hohen Temperatur ausgesetzt ist (Glühung). In Metallen ist auch bei hohen Temperaturen die Zahl der Zwischengitteratome (des gleichen Metalls) verschwindend gering. Die dominierenden Punktdefekte in Metallen sind die Leerstellen, die durch den oben beschriebenen Mechanismus entstanden sind.

Zur Illustration sollen hier einige Ergebnisse von Energieberechnungen für ein ideales Kupfergitter mitgeteilt werden. Für die Bildung einer Leerstelle sind 1,2 eV und für die eines Cu-Zwischengitteratoms 4,5 eV erforderlich. Dieser Unterschied in den aufzubringenden Energiebeträgen führt dazu, daß z. B. die Gleichgewichtskonzentration von Leerstellen in Kupfer bei 800 °C um den Faktor 10^{15} größer ist als die Gleichgewichtskonzentration von Cu-Zwischengitteratomen.

Da die Bildung von Leerstellen durch die thermische

Anregung der Atome erfolgt, muß ihre Gleichgewichtskonzentration mit einer Vergrößerung der Wärmebewegung, d. h. bei Temperaturerhöhung, anwachsen. Entsprechend verringert sich die Gleichgewichtskonzentration der Leerstellen bei Temperaturerniedrigung. Überschüssige Leerstellen wandern zur Probenoberfläche und, falls im Kristall vorhanden, zu inneren Hohlräumen sowie anderen Defekten, z. B. Korngrenzen. Sie lagern sich dort an und heilen aus. Eine mathematische Behandlung zeigt, daß die Gleichgewichtskonzentration von Leerstellen im Metall (die sich im Verlauf eines langdauernden Glühvorganges bei einer bestimmten Temperatur T einstellt) sehr empfindlich von der Temperatur abhängt. Diese Abhängigkeit wird durch ein Exponentialgesetz beschrieben. Allerdings beträgt die Leerstellenkonzentration selbst bei der Schmelztemperatur nur wenige Zehntel Prozent der vorhandenen Gitterplätze. Bei niedrigen Temperaturen kann man u. a. durch Abschrecken eines Kristalls, d. h. durch extrem schnelles Abkühlen nac hvorheriger Langzeitglühung, eine relativ große Zahl von Leerstellen einfrieren. Diese befinden sich nicht mehr im thermischen Gleichgewicht.

In ungeordneten Substitutionsmischkristallen hängt die Leerstellenkonzentration wesentlich von der Struktur der Legierung ab. Daneben sind in geordneten Legierungen die Leerstellenkonzentrationen der Untergitter des Kristalls im allgemeinen verschieden.

Atome mit kleinen Radien (Wasserstoff, Bor, Kohlenstoff, Stickstoff) können bedeutend leichter Zwischengitterplätze im Kristallgitter des Metalls einnehmen als Atome des jeweiligen Metalles selbst. Die Konzentration solcher Zwischengitteratome kann deshalb relativ groß werden.

Leerstellen und Zwischengitteratome des gleichen Metalls können auch durch andere Ursachen, z. B. durch Bestrahlung des Kristalls mit Teilchen hoher Energie oder durch plastische Verformung erzeugt werden. Diese Punktdefekte liegen ebenfalls nicht im thermischen Gleichgewicht vor. Ferner soll noch erwähnt werden, daß Leerstellen als Strukturelemente in einigen intermetallischen Verbindungen (z. B. CoAl, vgl. Abschnitt 1.2.) auftreten.

2.3. Diffusion

Wie bereits erwähnt, führen die Atome der Festkörper eine Wärmebewegung in Form kleiner Schwingungen um eine Gleichgewichtslage aus. In diesem Zusammenhang taucht die Frage auf, ob einzelne Atome des Kristallgitters größere Abstände von ihrer Ruhelage erreichen können und auf welche Art evtl. dieser Prozeß realisiert werden kann (der Ausdruck „größerer Abstand“ ist dabei im Vergleich zur Gitterkonstanten zu verstehen). Diese Frage besitzt eine außerordentlich große Bedeutung für viele praktische Aufgaben. Das Experiment zeigt, daß derartige Lageveränderungen von Atomen möglich sind. Bringt man beispielsweise zwei verschiedene Metalle in einen engen Kontakt und setzt sie längere Zeit einer hohen Temperatur aus, dann kann man nachweisen, daß die Atome des einen Metalls in das andere eindringen. Die Eindringtiefe kann dabei ein Vielfaches der Gitterkonstanten betragen. Die Geschwindigkeit des Prozesses hängt sehr stark von der Temperatur ab; bei Temperaturerhöhung wächst sie rasch an.

Nicht nur die Atome einer anderen Substanz bewegen sich durch ein Metall, sondern in gleicher Weise auch die das Gitter aufbauenden Atome. Der Beweis wurde erbracht, indem man die Bewegung „markierter“ Atome des betreffenden Metalls verfolgte. Als markierte Atome wurden die eines radioaktiven Isotops verwendet.

Die Atome des Festkörpers, die Schwingungen um ihre regulären Gitterplätze ausführen, können diese also mitunter verlassen und große Abstände davon erreichen. Es läuft eine stetige ungeordnete Bewegung der Metallatome ab, die bei Temperaturerhöhung erheblich intensiviert wird. Diese Erscheinung bezeichnet man als *Diffusion.*

Um die Diffusion zu untersuchen, erzeugt man gewöhnlich in einer Probe eine ungleichmäßige Konzentrationsverteilung und untersucht deren zeitliche Veränderung. Unter geeigneten Bedingungen entsteht ein gerichteter Diffusionsstrom, der bestrebt ist, die Konzentrationsunterschiede auszugleichen. Die Zeit, die für diesen Ausgleich erforderlich ist, dient als Maß für die Geschwindigkeit des Diffusionsprozesses. Dabei werden zwei Fälle unterschieden: Einmal liegt eine chemisch homogene Probe vor, in der markierte Atome des gleichen Stoffes inhomogen verteilt sind, deren Verhalten untersucht werden soll (Selbstdiffusion). Im anderen Fall wird die Konzentrationsverteilung einer chemisch von der Matrix verschiedenen Substanz verfolgt (Fremddiffusion oder chemische Diffusion).

Eine theoretische Erklärung der Diffusionserscheinungen wurde von Frenkel vorgeschlagen. Er ging bei seinen Betrachtungen von zwei verschiedenen Mechanismen des Diffusionsvorganges in Metallen aus.

Der erste Mechanismus trifft für Einlagerungsmischkristalle zu. Er besteht darin, daß leichte Atome, die sich auf Zwischengitterplätzen des Grundmetalls befinden, durch thermische Anregung auf benachbarte Zwischengitterplätze überwechseln können und sich auf diese Art und Weise durch den Kristall bewegen.

Der zweite Mechanismus bezieht sich auf die Verlagerung von Atomen, die reguläre Gitterplätze einnehmen. In der Regel sind alle benachbarten Gitterplätze eines herausgegriffenen Atoms besetzt; der Übergang dieses Atoms von seinem Gitterplatz auf einen Zwischengitterplatz ist wegen des hohen Energieaufwandes unwahrscheinlich. Jedoch sind, wie aus dem vorangegangenen Abschnitt ersichtlich, stets Leerstellen, d. h. freie Plätze im Kristallgitter vorhanden. Gerade diese spielen hier die entscheidende Rolle; die vorhandenen Leerstellen ermöglichen die Fortbewegung der Atome über eine Vielzahl von regulären Gitterplätzen. Ein Atom kann durch thermische Anregung auf einen benachbarten freien Gitterplatz überwechseln, d. h., es tauscht seinen Platz mit dem der Leerstelle. Die neue Lage der Leerstelle kann nun durch ein weiteres benachbartes Atom belegt werden usw.

Die Wanderung von Leerstellen bewirkt also nach dem geschilderten Mechanismus auch eine Verschiebung der Atome. Im Falle der Diffusion von Zwischengitteratomen wird der Ablauf des Vorganges durch den Energiebetrag bestimmt, der für den Übergang auf einen benachbarten Zwischengitterplatz gebraucht wird und durch thermische Anregung aufgebracht werden muß. Die Diffusionsgeschwindigkeit beim Leerstellenmechanismus hängt außer von der Energie, die zum Übergang des Atoms auf den benachbarten leeren Gitterplatz benötigt wird, entscheidend von der Leerstellenkonzentration ab, wobei für die Bildung von Leerstellen ebenfalls ein bestimmter Energiebetrag notwendig ist. Zur Realisierung eines Platzwechsels genügt es also nicht, dem Atom eine hinreichend große Energie zu erteilen, sondern es muß auch eine Leerstelle in seiner unmittelbaren Nachbarschaft vorhanden sein. Die Wahrscheinlichkeit eines solchen Ereignisses ist deshalb um so größer, je höher die Leerstellenkonzentration ist. Diese steigt bei Temperaturerhöhung steil an. Wenn man ferner berücksichtigt, daß die thermische Anregung eines Atoms auch stark mit der Temperatur zunimmt, wird die zu Beginn dieses Kapitels beschriebene Beobachtung des starken Anwachsens der Diffusionsgeschwindigkeit bei Erwärmung des Körpers verständlich.

In bestimmten Fällen erfolgt der Diffusionsprozeß nicht auf Grund von Konzentrationsunterschieden, sondern hat andere Ursachen. In einem Substitutionsmischkristall aus unterschiedlich großen Atomen können sich z. B. inhomogene elastische Verzerrungen ausbilden. Die Atome mit kleinerem Radius werden bestrebt sein, in Kompressionsgebiete auszuweichen, die großen Atome suchen dagegen bevorzugt Dilatationsbereiche auf, d. h. Gebiete mit geringerer Teilchendichte. Durch das Ablaufen solcher Prozesse werden Konzentrationsunterschiede in dem Mischkristall hervorgerufen und nicht etwa ausgeglichen, wie es bei der gewöhnlichen Diffusion der Fall ist. Einen derartigen Diffusionsvorgang nennt man *Bergaufdiffusion.*

Diffusionsprozesse werden bei vielen praktischen Verfahren ausgenutzt, z. B. beim Einlagern bestimmter Fremdatome in die Oberflächenschicht eines Metalles, um diesem Festigkeit, Widerstandsfähigkeit gegen Verschleiß, Oxidationsbeständigkeit oder andere gewünschte Eigenschaften zu verleihen. Insbesondere wird die Anreicherung einer Oberflächenschicht mit verschiedenen Legierungselementen bei Stahlerzeugnissen angewandt. Die gebräuchlichsten Verfahren beruhen auf einem Einbau von Kohlenstoff, Stickstoff, Chrom, Aluminium, Silizium usw. Durch Einlagerung von Cr, Al und Si wird eine sehr hohe Widerstandsfähigkeit gegenüber Oxidation bei hohen Temperaturen erreicht, C und N erhöhen dagegen sowohl die Oberflächenfestigkeit als auch die Verschleißfestigkeit der Werkstücke.

2.4. Phasenumwandlungen

In Abschnitt 1.2. wurde schon erwähnt, daß Metalle und Legierungen mitunter eine stark inhomogene Struktur aufweisen. Durch innere Grenzflächen kann ein Festkörper in einzelne Gebiete unterteilt werden, die sich in ihren Eigenschaften unterscheiden. Alle Teilbereiche, die gleiche Eigenschaften besitzen, bilden eine Phase des Systems, auch wenn sie verschiedene Größe und Form haben. Zu einer anderen Phase gehören entsprechend alle Teilbereiche, die von der ersten Phase abweichende, untereinander aber auch wieder gleiche Eigenschaften aufweisen.

In Abhängigkeit von den äußeren Bedingungen (z. B.

Temperatur und Druck) kann ein Festkörper entweder aus einer oder aus mehreren Phasen bestehen. Im ersten Fall sprechen wir vom einphasigen (homogenen) Zustand, im zweiten vom heterogenen Zustand. Durch Temperatur- und Druckänderung geht ein Festkörper aus einem bestimmten Zustand in einen anderen über, wobei sich beide in Zahl und Art der Phasen unterscheiden können. Zum Beispiel kann ein einphasiger Festkörper durch Temperaturänderung in einen anderen, ebenfalls einphasigen Zustand mit anderen Eigenschaften übergehen. Bei einer bestimmten Temperatur T_0 können beide Phasen im Gleichgewicht existieren, der Körper ist zweiphasig. Bei dieser Temperatur T_0 vollzieht sich der Phasenübergang (oder die Phasenumwandlung).

Phasenumwandlungen sind sowohl in reinen Metallen als auch in Legierungen zu beobachten. Sie können mit verschiedenen Änderungen im Kristall verbunden sein: mit einer Umwandlung der Kristallstruktur, mit Änderungen der Konzentration von Legierungsbestandteilen oder mit Umlagerungen im Elektronensystem (z. B. Übergängen zwischen ferromagnetischem und antiferromagnetischem, zwischen supraleitendem und normalleitendem Zustand).

In reinen Metallen können bei Temperatur- oder Druckänderung sogenannte *polymorphe* (oder *allotrope*) Umwandlungen ablaufen. Dabei ändert sich die Struktur des Kristallgitters. Solche Umwandlungen wurden bei Zinn, Eisen, Wismut, Cäsium, Lithium, Natrium, Beryllium, Titan, Kobalt und einer Reihe anderer Metalle gefunden. Interessant sind die Verhältnisse bei Eisen. Bei 910 °C erfolgt der Übergang vom α-Eisen mit kubisch-raumzentriertem Gitter zum γ-Eisen mit kubisch-flächenzentriertem Gitter, bei 1400 °C findet ein weiterer Phasenübergang statt, der wieder zu einer kubisch-raumzentrierten Struktur führt (δ-Eisen), die bis zur Schmelztemperatur beständig ist.

Bei Druckerhöhung besteht die allgemeine Tendenz zu einem Übergang in dichter gepackte Strukturen, wobei allerdings auch Ausnahmen von dieser Regel beobachtet werden. Ein solches Ergebnis entspricht den Erwartungen. Die Suche nach polymorphen Umwandlungen und ihr Studium sind von großem Interesse. Die neuen Strukturen, die bei bestimmten Temperatur- und Druckverhältnissen entstehen, besitzen mitunter für praktische Zwecke wichtige Eigenschaften. Als Beispiel sei auf die polymorphe Umwandlung des Kohlenstoffs von Graphit in Diamant verwiesen.

Eine besondere Art von Phasenübergängen kann in Metallen bei Druckänderung ablaufen. Diese Umwandlungen führen zu Veränderungen im Elektronensystem. Dabei sind sogenannte *Elektronenübergänge* möglich, die von einer Neuverteilung der Elektronenzustände begleitet sind. Die Kristallstruktur bleibt in diesen Fällen erhalten. Übergänge dieser Art können mit einer Änderung der Gitterkonstanten, einer Änderung des elektrischen Widerstandes oder anderen Eigenschaftsänderungen verbunden sein. Bei einem Druck von 7000 atm beobachtet man beispielsweise in Cer einen Elektronenübergang. In verschiedenen Festkörpern sind bei einer Druckänderung Übergänge möglich, bei denen ein Metall seine charakteristischen Eigenschaften vollständig verliert oder ein Isolator eine hohe elektrische Leitfähigkeit erwirbt. Die Ursache liegt in einer Änderung des Energiespektrums und der Auffüllungscharakteristik der Bänder durch die Elektronen.

In Legierungen wächst die Zahl der möglichen Arten von Phasenübergängen stark an. Im folgenden sollen zwei wichtige Formen betrachtet werden, die in Substitutionsmischkristallen ablaufen können: Ordnungs—Unordnungs—Umwandlungen und Entmischungsvorgänge (Zerfall einer homogenen festen Lösung in mehrere Phasen).

Geordnete Strukturen wurden bereits in anderen Abschnitten behandelt. In geordneten Legierungen ist die Wahrscheinlichkeit für den Einbau eines Atoms einer bestimmten Sorte in verschiedene Untergitter auch verschieden. Im ungeordneten Zustand ist die Besetzungswahrscheinlichkeit für alle Gitterplätze gleich und entspricht der relativen Atomkonzentration der betrachteten Komponente. Als Beispiel soll eine ordnungsfähige Legierung vom Typ $A-B$ mit ihren zwei Untergittern dienen. Die Wahrscheinlichkeiten der Besetzung von Gitterplätzen des ersten oder zweiten Untergitters mit A-Atomen sollen mit $p_A^{(1)}$ und $p_A^{(2)}$ bezeichnet werden (entsprechend mit $p_B^{(1)}$ und $p_B^{(2)}$ für die B-Atome).

Als Maß für den Ordnungszustand der Legierung wird ein Parameter eingeführt. Dieser ist gleich der Abweichung der Wahrscheinlichkeit $p_A^{(1)}$ von ihrem Wert im ungeordneten Zustand, d. h. von der Konzentration c_A der Komponente A in der Legierung. Dieser Parameter $s = p_A^{(1)} - c_A$ wird als *Fernordnungsgrad* bezeichnet. Offensichtlich ist er gleich Null im ungeordneten Zustand und erreicht einen Maximalwert bei völliger Ordnung der Legierung.

Der Grad der Fernordnung ist temperaturabhängig, da die Wärmebewegung die regelmäßige Atomanordnung zerstört. Eine vollständige Ordnung kann nur beim absoluten Temperaturnullpunkt und der Konzentration erreicht werden, bei der die Zahl der Atome jeder Sorte gleich der Zahl der entsprechenden Untergitterplätze ist. Mit Erhöhung der Temperatur verringert sich der Fern-

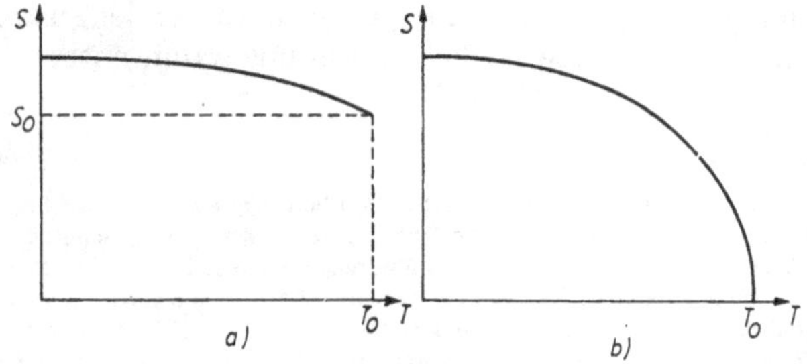

Abb. 17. Abhängigkeit des Fernordnungsparameters s von der absoluten Temperatur T
a) bei Phasenübergängen erster Art; b) bei Phasenübergängen zweiter Art

ordnungsgrad und geht bei einer bestimmten Temperatur T_0 gegen Null. T_0 wird als *Ordnungstemperatur* bezeichnet. Bei dieser Temperatur erfolgt der Phasenübergang vom geordneten in den ungeordneten Zustand der Legierung.

Man unterscheidet zwei Arten von Phasenübergängen: Bei Phasenübergängen erster Art fällt der Fernordnungsgrad s bei der Ordnungstemperatur T_0 sprunghaft von einem endlichen Wert s_0 auf Null ab. Bei Übergängen zweiter Art wird der Fernordnungsgrad s mit Erhöhung der Temperatur stetig kleiner und geht gegen Null für $T = T_0$. In Abb. 17 ist die $s(T)$-Abhängigkeit für Übergänge erster Art (Abb. 17a) und zweiter Art (Abb. 17b) dargestellt.[1])

Die Ordnungstemperatur T_0 hängt von der Zusammensetzung der Legierung ab. Abb. 18 zeigt die Abhängigkeit dieser Temperatur T_0 von der Konzentration c_A in einer $A-B$-Legierung.

In einigen Legierungen läuft der Ordnungsprozeß bei Erniedrigung der Temperatur schrittweise ab: Bei verschiedenen Temperaturen bilden sich unterschiedliche geordnete Strukturen mit immer größerem Ordnungsgrad. Diese Erscheinung wird beispielsweise in der Legierung Eisen-Aluminium beobachtet.

Die Ordnungstemperatur einer Legierung kann sehr hohe Werte annehmen und sogar die Schmelztemperatur überschreiten. In diesem Fall ist die Legierung bis zur Schmelztemperatur geordnet, wobei mitunter der Zustand sich von dem größtmöglicher Ordnung kaum unterscheidet.

---

[1]) Die Einteilung der Phasenübergänge in Übergänge erster und zweiter Art ist nicht nur im Fall ordnungsfähiger Legierungen üblich, sondern wird allgemein auf verschiedene Phasenübergänge angewendet. Zu den Phasenübergängen erster Art gehören Umwandlungen zwischen den festen, flüssigen und gasförmigen Zuständen eines Stoffes und polymorphe Umwandlungen. Beispiele für Übergänge zweiter Art sind Übergänge zwischen dem ferromagnetischen und nichtferromagnetischen Zustand, zwischen supraleitendem und normalleitendem Zustand eines Festkörpers (ohne Magnetfeld), zwischen dem superfluiden und dem normalen Zustand des flüssigen Heliums usw.

Die Ordnung in der Atomverteilung auf die Gitterplätze beeinflußt viele Eigenschaften der Legierungen sehr stark und spielt deshalb eine wesentliche Rolle bei der Herstellung von Werkstoffen, an die bestimmte Anforderungen gestellt werden. Eine Änderung des Ordnungszustandes ohne gleichzeitige Änderung der Zusammensetzung der Legierung kann eine sehr starke Variation vieler ihrer Eigenschaften hervorrufen. So kann für das Auftreten von Ferromagnetismus ein Ordnungsvorgang verantwortlich sein (siehe Abschnitt 3.7.). Zum Beispiel

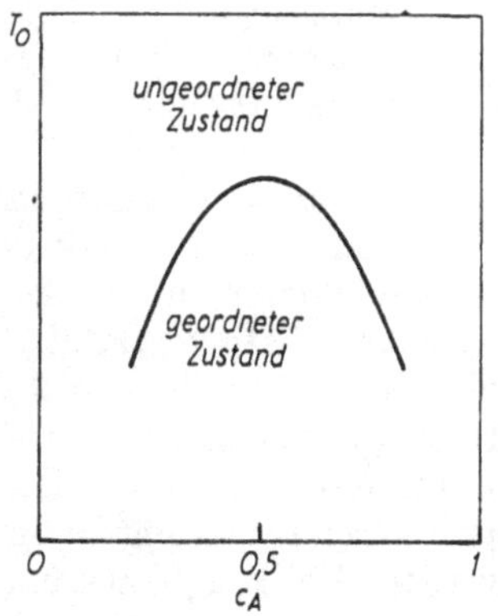

Abb. 18.
Typische Abhängigkeit der Ordnungstemperatur von der Zusammensetzung einer binären (ordnungsfähigen) Legierung

ist die Legierung Ni_3Mn im ungeordneten Zustand nur ein schwach magnetischer Stoff, zeigt aber im geordneten Zustand ein stark ausgeprägtes ferromagnetisches Verhalten mit einer Sättigungsmagnetisierung (siehe Abschnitte 3.6. und 3.7.), die fast 1,5mal größer ist als die von reinem Nickel. Mit dem Ordnungsvorgang sind auch ein starker Abfall des elektrischen Widerstands und eine bedeutende Festigkeitsänderung verbunden. Im Prinzip wäre denkbar, daß durch Änderung der Ordnung das Energiespektrum der Elektronen so stark beeinflußt wird, daß der Körper seine metallischen Eigenschaften verliert (oder solche erst erwirbt). So kann eine solche prinzipiell wichtige Tatsache wie die Zugehörigkeit des Festkörpers zu den Metallen oder zu den nichtmetallischen Kristallen allein durch die Ordnungscharakteristik maßgeblich bestimmt werden.

Legierungen, die bei bestimmten Temperaturen entmischen, befinden sich oberhalb dieser Temperaturen analog zu den ordnungsfähigen Legierungen in einem ungeordneten Zustand. Die Entmischung besteht darin, daß z. B. eine homogene binäre Legierung in ein Zweiphasensystem, d. h. ein Gemisch von Kristalliten zweier fester Lösungen, zerfällt. Die ausgefallenen Mischkristalle tendieren in der Zusammensetzung stärker zu den reinen Komponenten als die einphasige Ausgangslegierung. Eine solche Umwandlung beginnt bei einer bestimmten Temperatur T_z, die als *Entmischungstemperatur* bezeichnet wird.

Die Temperatur T_z hängt von der Zusammensetzung der Legierung ab. Aus dem Verlauf dieser Abhängigkeit folgt auch die Zusammensetzung der Phasen, in die der Mischkristall bei einer Temperatur unterhalb T_z zerfällt. Abbildung 19 zeigt die Abhängigkeit der Temperatur T_z von der relativen Atomkonzentration c_A der Komponente A in einer binären $A-B$-Legierung (da $c_A + c_B = 1$ ist, kann die Zusammensetzung einer binären Legierung durch die Größe c_A allein beschrieben werden). Bei Temperaturen,

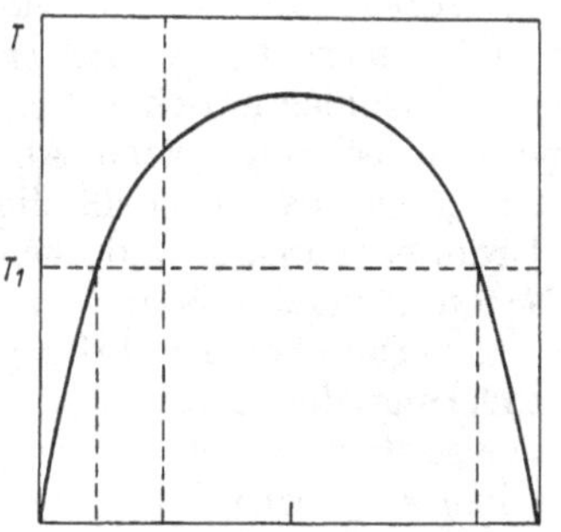

Abb. 19.
Typische Abhängigkeit der Zerfallstemperatur einer binären Legierung von ihrer Zusammensetzung

die höher als T_z liegen, befindet sich die Legierung in einem homogenen Zustand. Bei Abkühlung der Legierung auf eine Temperatur T_1, die kleiner als T_z sein soll, zerfällt der Mischkristall in Phasen mit den Zusammensetzungen $c_A^{(1)}$ und $c_A^{(2)}$, wie aus Abb. 19 ersichtlich ist.

Wie ist nun vom Standpunkt der Atomtheorie der Metalle aus zu verstehen, daß eine Legierung bei Temperaturerniedrigung sich in einem Falle ordnet, in einem anderen Falle dagegen entmischt? Bekanntlich wechselwirken die Atome des Kristallgitters miteinander. Die Stärke der Wechselwirkung zweier Atome wird durch die Wechselwirkungsenergie charakterisiert, das ist diejenige Energie, die aufgebracht werden muß, um die Atome in einen unendlich großen Abstand voneinander zu bringen.

Berücksichtigt man in einer binären Legierung nur die Wechselwirkung nächster Nachbarn, so muß man drei verschiedene Kombinationen nächster Nachbarn unterscheiden: $A-A$, $B-B$ und $A-B$. Zu diesen Kombinationen gehören verschiedene Wechselwirkungsenergien. Dabei sind zwei Fälle möglich: Einmal ist die Verbindung zwischen A- und B-Atomen fester als im Mittel die Verbindungen zwischen gleichen Atomen. Im anderen Fall ist es umgekehrt.

Im ersten Fall besteht bei genügend niedrigen Temperaturen der stabilste Zustand des Mischkristalls in einer solchen Anordnung der Atome, die der größtmöglichen Zahl von $A-B$-Bindungen entspricht. Diese Struktur findet man im geordneten Zustand. Beispielsweise existieren in einer Legierung vom Typ des β-Messing im völlig geordneten Zustand nur Bindungen benachbarter Atome vom $A-B$-Typ (siehe Abb. 10b). Bei Temperaturerhöhung tritt durch Platzwechselvorgänge eine Auflockerung der Untergitter auf, die zur allmählichen Vermischung der Atome und damit zur Zerstörung der geordneten Struktur führt. Diese verschwindet bei der Ordnungstemperatur vollständig.

Im zweiten Fall wird der stabilste Zustand der Legierung bei niedrigen Temperaturen dadurch gekennzeichnet, daß die größtmögliche Zahl von Bindungen zwischen gleichartigen Atomen realisiert ist und nur wenige $A-B$-Kombinationen existieren. Die Atome sind bestrebt, solche Lagen einzunehmen, in denen sie von gleichartigen Atomen umgeben sind (im Gegensatz zum Fall des geordneten Mischkristalls). Genau dieser Anordnung entspricht ein Gemisch zweier Phasen mit Zusammensetzungen, die den reinen Metallen A und B nahekommen. In jeder dieser beiden Phasen liegen hauptsächlich $A-A$- oder $B-B$-Kombinationen vor. Bei einer Erhöhung der Temperatur kann durch thermische Aktivierung eine Vermischung der Atome erfolgen, die bei einer bestimmten Temperatur den zweiphasigen Zustand zerstört. Die Legierung geht in einen einphasigen homogenen Zustand über. So folgt aus theoretischen Überlegungen unter Benutzung des atomaren Modells des Festkörpers eine Erklärung, warum die einen Legierungen ordnungsfähig sind, andere aber entmischen.

In einigen Legierungen erfolgt eine Entmischung bei niedrigen Temperaturen in anderer Weise. Zum Beispiel beobachtet man in Einlagerungsmischkristallen einen Zerfall in eine feste Lösung geänderter Konzentration und in eine chemische Verbindung der Komponenten.

Einige Phasenumwandlungen (z. B. die Entmischung) sind mit diffusionsartigen Platzwechselvorgängen verbunden, wobei Atome über Strecken bewegt werden, die groß gegen die Gitterkonstante sind. Daneben gibt es auch diffusionslose Umwandlungen, für deren Ablauf keine derart großen diffusionsbedingten Verlagerungen der Atome nötig sind. Dazu gehören die Martensitumwandlungen. Eine solche Umwandlung läuft z. B. beim Härten von Stahl ab. Sie besteht in der Umwandlung des Austenits in Martensit. Austenit ist eine feste Lösung von Kohlenstoff in γ-Eisen, Martensit stellt eine feste Lösung des Kohlenstoffs in α-Eisen dar, wobei die chemische Zusammensetzung in beiden Fällen gleich ist. Das kubische Gitter des α-Eisens wird bei der Umwandlung stark verzerrt. Martensitumwandlungen wurden daneben in einer

Reihe weiterer Legierungen und auch in reinen Metallen nachgewiesen.

Vom Standpunkt des Atommodells aus finden bei den martensitischen Umwandlungen Umordnungsprozesse im Kristallgitter statt. Die Atomverschiebungen übersteigen dabei nicht die Abstände zwischen den Atomen und erfolgen nicht zufällig, sondern regelmäßig und geordnet. Sie führen nicht zu einer Zerstörung der atomaren Bindungen. Da keine Diffusionsprozesse stattfinden, ist die Zusammensetzung der Ausgangs- und Endphase gleich, und außerdem wird eine sehr große Geschwindigkeit des Umwandlungsprozesses möglich. Die Kristalle der neuen Phase (Martensitphase) können mit Geschwindigkeiten wachsen, die der Schallgeschwindigkeit in Metallen nahekommt.

Die Steuerung des Ablaufes verschiedener Phasenumwandlungen in Metallen und Legierungen (auf der Grundlage der molekularkinetischen Metalltheorie) ist eine wertvolle Methode in der Werkstoffwissenschaft. Ihre gezielte Anwendung gestattet es häufig, einem Material bestimmte geforderte Eigenschaften zu verleihen.

2.5. Plastizität und Festigkeit

Läßt man eine äußere Kraft auf einen Festkörper einwirken, so wird dieser deformiert. Er verändert dabei seine Form und seine Abmessungen. Sind die Kräfte hinreichend klein, so nimmt der Körper nach Beendigung der Krafteinwirkung seine ursprüngliche Größe und Gestalt wieder an. In diesem Falle spricht man von *elastischer Verformung*. Wenn die Kräfte, die die Deformation hervorrufen, einen bestimmten kritischen Wert übersteigen, so entstehen im Körper irreversible Veränderungen. Diese können in zwei Formen auftreten:

1. plastisches Fließen
   (bei einer ständigen Vergrößerung der angelegten Spannung wird der Körper schließlich zerstört)
2. Sprödbruch

Welcher dieser Prozesse abläuft, hängt von den Eigenschaften des Körpers und den Verformungsbedingungen ab. Die beim plastischen Fließen entstandene Verformung bleibt nach Wegnahme der Belastung erhalten. Man bezeichnet diesen Verformungsprozeß als plastische Deformation. Sie ist verbunden mit Gleitprozessen von parallelen Atomebenen des Kristallgitters relativ zueinander. Dadurch verschieben sich Kristallteile gegeneinander, wodurch eine irreversible Formänderung des Körpers entsteht.

Bei einem solchen Gleitvorgang müssen offensichtlich die durch die Wechselwirkungskräfte bedingten atomaren Bindungen zwischen benachbarten Atomebenen auseinandergerissen werden. Dabei ist zu bemerken, daß diese Bindungskräfte theoretisch eine sehr große Festigkeit des Körpers gewährleisten, so daß er einer plastischen Deformation und einer Zerstörung weitgehend widerstehen müßte. Trotzdem gelang es in den meisten Fällen nicht (zum größten Leidwesen der Ingenieure und Techniker, die sich mit der Herstellung stabiler Konstruktionen beschäftigen), diese theoretische Festigkeit zu erreichen. Reale Werkstoffe besitzen gewöhnlich eine Festigkeit, die 10^3- bis 10^4mal kleiner ist als der theoretische Wert.

Dieser Widerspruch konnte erst nach Entwicklung der Versetzungstheorie geklärt werden. In Abschnitt 1.2. wurde gezeigt, daß reale Kristalle immer Gitterfehler und insbesondere verschiedene Arten von Versetzungen enthalten. Diese sind für die niedrige Festigkeit realer Kristalle verantwortlich.

Wenn die Verschiebung einer Atomebene relativ zur benachbarten gleichzeitig auf der gesamten Ebene erfolgen würde, müßten alle atomaren Bindungen zwischen den beiden Atomebenen gleichzeitig zerrissen werden. Dazu wäre eine sehr große Kraft erforderlich. Liegen aber im Kristall Versetzungen vor, dann kann der Verschiebungsprozeß schrittweise erfolgen. Die Versetzung bewegt sich in der Gleitebene, und dabei wird ein immer größerer Teil der Ebene von dieser Verschiebung erfaßt.

Als Beispiel soll eine Stufenversetzung betrachtet werden, wie sie in Abb. 8b dargestellt ist. Unter dem Einfluß einer Schubspannung (die parallel zum Pfeil angreift) kann sich das bereits von der Verschiebung erfaßte Gebiet um einen Atomabstand nach links ausdehnen. Die neue Atomanordnung wird durch die leeren Kreise symbolisiert (Abb. 8b). Jetzt wird die zusätzlich eingeschobene Halbebene nicht mehr durch GG', sondern durch DD' dargestellt. Das bedeutet eine Translation der Versetzungslinie von G' nach D'. Die Versetzung bewegt sich um einen Atomabstand in Richtung des Verschiebungsvektors. Bei einem solchen Prozeß werden nicht alle atomaren Bindungen zwischen dem oberen (zu verschiebenden) und dem unteren Kristallteil gleichzeitig zerrissen, sondern nur die entlang einer bestimmten Atomreihe. Diese steht in Abb. 8b senkrecht auf der Zeichenebene und schneidet sie zwischen den Punkten D' und G'. Die dafür benötigte Schubspannung ist bedeutend geringer als im Fall einer gleichzeitigen Verschiebung auf der gesamten Gleitebene. Die weitere Bewegung der Versetzung durch ständige Wiederholung des betrachteten Prozesses endet an der linken Grenzfläche des Kristalls. Damit ist dann die Verschiebung um einen Atomabstand abgeschlossen. Analoge Vorgänge einer schrittweisen Abgleitung sind auch mit der Bewegung anderer Versetzungsarten verknüpft.

Abbildung 20 zeigt die Anordnung der Atome vor und nach der Verschiebung einer Schraubenversetzung um einen Atomabstand nach links. Hier wird ebenfalls als Ergebnis der Versetzungsbewegung die Fläche des Teiles der Gleitebene vergrößert, der von der Atomverschiebung erfaßt ist. Im Unterschied zum Fall der Stufenversetzung erfolgt die Bewegung einer Schraubenversetzung in einer Richtung senkrecht zum Verschiebungsvektor. Die Verschiebung einer Schraubenversetzung um einen Atomabstand ist also auch nicht mit dem Zerreißen aller

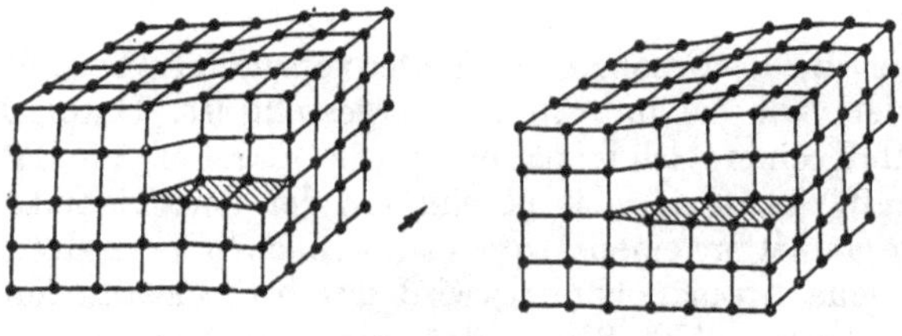

a) b)

Abb. 20. Anordnung der Atome a) vor und b) nach der Verschiebung einer Schraubenversetzung um einen Atomabstand nach links

atomaren Bindungen in der Gleitebene verknüpft. Man sieht, daß durch die Existenz von Versetzungen in Kristallen deren theoretische Festigkeit bedeutend verringert wird.

Versetzungen können im Kristall durch verschiedene Mechanismen entstehen. Eine Möglichkeit ist ihre Bildung bei der Kristallisation des Metalls. Wenn zwei Kristallteile (Subkörner) mit einem kleinen Orientierungsunter-

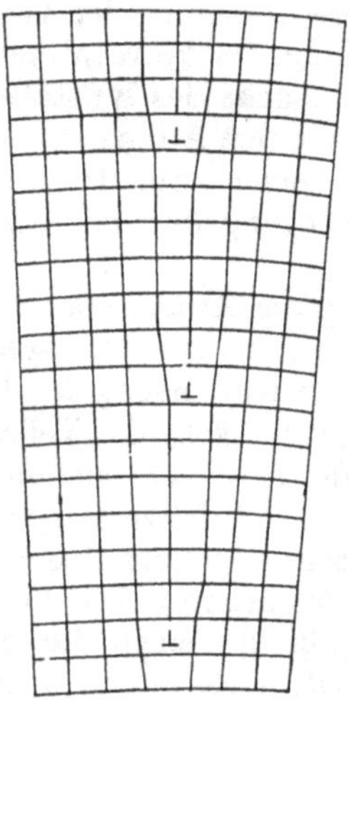

Abb. 21.
Versetzungsstruktur in einer Subkorngrenze

schied bei der Kristallisation zusammenwachsen, so weist das Grenzgebiet zwischen beiden Teilen zusätzlich eingeschobene Halbebenen auf. In Abb. 21 sind solche Halbebenen gezeigt, deren Ränder (mit ⊥ gekennzeichnet) Stufenversetzungen darstellen, die übereinander angeordnet sind. Offensichtlich wird der Orientierungsunterschied zwischen Subkörnern vorgegebener Abmessungen durch die Zahl solcher Versetzungen bestimmt. Er ist um so größer, je geringer der Abstand der Versetzungen voneinander ist. Bei der Kristallisation können sich auch kompliziertere Versetzungskonfigurationen herausbilden, die in manchen Fällen eigenartige Versetzungsnetzwerke bilden.

Eine andere Art der Erzeugung von Versetzungen in unverformten Kristallen soll im folgenden beschrieben werden. Wie in Abschn. 2.2. dargestellt, verringert sich die Gleichgewichtskonzentration der Leerstellen in Metallen bei Temperaturerniedrigung sehr stark. Bei schneller Abkühlung können die überschüssigen Leerstellen nicht an die Oberfläche des Körpers, an Korngrenzen oder an irgendwelche andere innere Leerstellensenken gelangen. Dadurch tritt eine Leerstellenübersättigung im Kristall auf, die zur Bildung von Leerstellenagglomeraten, sogenannten Clustern, führen kann. Diese entstehen z. B. auch bei der schnellen Abkühlung nach der Kristallisation. Auf Abb. 22a ist eine Atomebene dargestellt, die eine scheibenförmige Anhäufung von Leerstellen schneidet. Die Bindungskräfte zwischen den Atomen bewirken eine Annäherung der gegenüberliegenden Scheibenflächen. Diese führt schließlich zur Bildung einer Versetzungsschleife (Abb. 22b).

Die angeführten Beispiele zeigen, daß infolge verschiedener Mechanismen das Vorhandensein einer bestimmten Zahl von Versetzungen in den Kristallen gewährleistet ist, auch wenn diese Kristalle nicht plastisch verformt wurden.

Legt man an den Kristall eine mechanische Spannung an, so kann das eine Bewegung der in der Probe vorhandenen Versetzungen zur Folge haben. Damit sind noch weitere Bildungsmechanismen von Versetzungen verbunden. Unter dem Einfluß der Spannung beginnen im Festkörper Versetzungsquellen zu arbeiten. Jede dieser Quellen erzeugt dann eine große Zahl von Versetzungen in ein und derselben Gleitebene. Dadurch wird der experimentelle Befund erklärt, daß die Abgleitung in einer Gleitebene die Gitterkostante um das 100- bis 1000fache übertrifft. Eine solch große Abgleitung wäre nicht zu verstehen, wenn nur eine einzige Versetzung diese

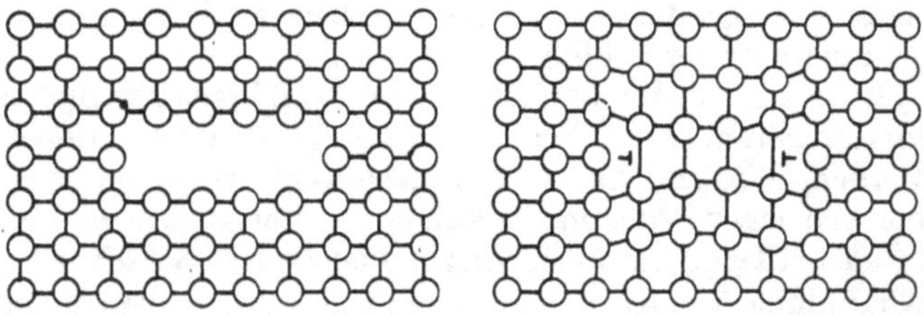

a) b)

Abb. 22. Bildung einer Versetzungsschleife (loop) durch Vereinigung von Leerstellen

Ebene durchlaufen würde. Mit der Existenz von Versetzungsquellen, die unter dem Einfluß einer angelegten Spannung neue Versetzungen emittieren, ist eine weitere wichtige experimentelle Tatsache verknüpft — die bedeutende Erhöhung der Zahl der Versetzungen bei einer plastischen Deformation des Kristalles.

Die Zahl der Versetzungen in einem Kristall wird durch die sogenannte *Versetzungsdichte* charakterisiert. Diese ist definiert als Gesamtlänge aller Versetzungslinien pro Volumeneinheit des Kristalls. Die Versetzungsdichte schwankt für verschiedene Substanzen innerhalb vieler Größenordnungen. Für mit speziellen Methoden gezüchtete, fast ideale Kristalle nimmt sie sehr kleine Werte ($\sim 10^3$ cm^{-2}) an, für stark verformte Proben kann sie in der Größenordnung von 10^{11} bis 10^{12} cm^{-2} liegen. (Im letzten Fall ist die Gesamtlänge aller Versetzungen in einem cm^3 des Metalls so groß, daß man einen Faden dieser Länge etwa 100mal in Windungen am Äquator um die Erdkugel legen könnte.) In unverformten Metalleinkristallen liegt die Versetzungsdichte gewöhnlich bei 10^6 bis 10^7 cm^{-2}.

Bei ihrer Bewegung im Kristall erfahren die Versetzungen einen Widerstand, der diese Bewegung zu bremsen versucht. Sowohl in reinen Metallen als auch in Legierungen kann ein solcher Widerstand vielfältige Ursachen haben. Um die Versetzungen durch den Kristall zu bewegen und damit diesen plastisch zu verformen, ist eine äußere Spannung nötig. Diese muß groß genug sein, den Widerstand zu überwinden. Die Untersuchung der Ursachen, die den Widerstand gegenüber der Versetzungsbewegung hervorrufen, besitzt eine große praktische Bedeutung. Die dabei gewonnenen Erkenntnisse ermöglichen es, viele interessante Erscheinungen der Festkörperphysik zu erklären. So können z. B. folgende Fragen beantwortet werden: Bis zu welchen Spannungen kann ein Festkörper einer plastischen Verformung widerstehen? Wie wird die plastische Verformung unter verschiedenen Bedingungen ablaufen? Welche Festigkeit besitzt ein Material?

Im idealen Kristall wird der Widerstand gegen die Versetzungsbewegung vor allem durch die Kraftwirkung der in der Gleitebene liegenden Atome auf die Versetzung verursacht (sogenannte PEIERLS-Kräfte). Aber auch verschiedene Streuprozesse beeinflussen die Energie der sich bewegenden Versetzungen. Weist der Kristall außer der betrachteten Versetzung noch andere Störungen des regelmäßigen kristallinen Aufbaus auf, so sind damit zusätzliche Ursachen für das Abbremsen der Versetzung gegeben. Sie beruhen auf der Wechselwirkung zwischen der sich bewegenden Versetzung und den übrigen Gitterdefekten. Da bei der plastischen Deformation stets neue Versetzungen und andere Defekte erzeugt werden, hemmt der Verformungsprozeß sich also selbst.

Bei der Bewegung hinreichend schneller Versetzungen

wird eine interessante Erscheinung beobachtet. Diese zeigt analoge Charakteristika wie die Bewegung von Körpern mit großen Geschwindigkeiten nach den Gesetzen der speziellen Relativitätstheorie. Die Versetzungen können sich im Kristall nicht mit beliebigen Geschwindigkeiten bewegen. So, wie nach der Relativitätstheorie die Geschwindigkeit von Materieteilchen niemals größer werden kann als die Vakuumlichtgeschwindigkeit, sind keine größeren Geschwindigkeiten der Versetzung im Kristall möglich als die Schallgeschwindigkeit. Diese ist also die obere Grenze der Versetzungsgeschwindigkeit.

Ferner ist interessant, daß auch die Breite des Kristallgebietes, in dem die Gitterverzerrung hauptsächlich lokalisiert ist (*Versetzungsweite*), von der Geschwindigkeit der Versetzungsbewegung mitbestimmt wird. Die Versetzungsweite wird bei einer Geschwindigkeitserhöhung in ähnlicher Weise verkürzt, wie das für die Länge von Maßstäben in der Relativitätstheorie zutrifft. Analog dem Befund, daß die Länge eines Maßstabes bei einer Relativgeschwindigkeit, die gleich der Lichtgeschwindigkeit ist, gegen Null geht, gilt auch für die Versetzungsweite eine entsprechende Feststellung. Diese wird bei einer Versetzungsgeschwindigkeit, die gleich der Schallgeschwindigkeit ist, ebenfalls zu Null. Schließlich hängt auch noch die Energie einer sich gleichförmig bewegenden Versetzung von der Geschwindigkeit dieser Bewegung ab. Die Energie wächst mit Erhöhung der Geschwindigkeit. Von einem bestimmten kleinsten Wert für die ruhende Versetzung ausgehend strebt sie gegen unendlich für eine Geschwindigkeit, die gleich der Schallgeschwindigkeit ist. Auch hier ist die Analogie zur Energie eines Körpers in der Relativitätstheorie deutlich.

Nachdem man das Vorhandensein von Versetzungen als Ursache für die Festigkeitserniedrigung realer Kristalle erkannt hat, kann man auf der Grundlage des Atommodells des Festkörpers nach Möglichkeiten suchen, Werkstoffe mit einer höheren Festigkeit herzustellen.

Dieses Ziel kann auf zwei völlig entgegengesetzten Wegen erreicht werden.

Die erste Möglichkeit besteht darin, Kristalle herzustellen, die entweder gar keine oder nur sehr wenige Versetzungen enthalten. Beispielsweise gelingt das, indem man dünne fadenförmige Kristalle (*Whisker*) züchtet. Wie experimentell gezeigt werden konnte, besitzen solche Fäden eine äußerst hohe Festigkeit, die sich in einigen Fällen der theoretischen Festigkeit idealer Kristalle nähert. Zum Beispiel sind fadenförmige Eiseneinkristalle bis zu einer Zugspannung von $1{,}35 \cdot 10^{10}\ \mathrm{N \cdot m^{-2}}$ belastbar. Allerdings fand dieser Weg bisher noch keine breite Anwendung, obwohl sich gegenwärtig immer mehr Möglichkeiten andeuten, solche fadenförmigen Kristalle zur Herstellung von Verbundwerkstoffen mit sehr hoher Festigkeit und Temperaturbeständigkeit zu verwenden.

Eine praktische Anwendung fand dagegen die entgegengesetzte Variante — die Herstellung von Werkstoffen mit sehr vielen Störungen des Kristallaufbaus. Wie weiter oben erwähnt wurde, erschweren solche Defekte die Versetzungsbewegung. Außerdem behindern sie die Ausweitung entstehender Risse. Das führt zu einer Verfestigung des Materials. In der Praxis werden verschiedene Verfahren angewandt, z. B. die Erzeugung feinkristalliner, verzerrter Strukturen, das Hinzulegieren von Fremdatomen, die plastische Deformation mit der dabei entstehenden großen Zahl von Versetzungen (Kaltverfestigung) und die Anwendung ionisierender Strahlungen. Beispielsweise wächst der Widerstand einiger Metalle gegen die Versetzungsbewegung beim Kaltverfestigen um mehr als das 100fache.

Aus dem bisher Gesagten wird deutlich, daß ein Werkstoff die kleinste Festigkeit bei einer bestimmten, relativ niedrigen Versetzungsdichte besitzt. Sowohl mit ihrer Erniedrigung als auch mit ihrer Erhöhung wächst die Festigkeit an.

Verschiedene Prozesse, die eine Entstehung und Bewegung von Versetzungen erschweren, werden in der Technik zur Herstellung temperaturbeständiger Legierungen genutzt. Eine große Rolle spielen hier Diffusion und Phasenumwandlungen, die in den Abschnitten 2.3. und 2.4. behandelt wurden. Temperaturbeständige Legierungen werden auf der Grundlage hochschmelzender Metalle (Mo, Nb, Cr, Ta, W, Fe, Co, Ni) hergestellt, in denen die atomaren Wechselwirkungskräfte groß sind. Diesen Metallen werden verschiedene Stoffe zulegiert. Sowohl die einzelnen Atome dieser Zusätze als auch ihre Anhäufungen behindern die Versetzungsbewegung.

Von großer Bedeutung ist eine spezielle thermische Behandlung von Legierungen, die dazu führt, daß sich Kristalle einer oder mehrerer geordneter Phasen ausscheiden. Diese Ausscheidungen stören den regelmäßigen Aufbau des Kristallgitters sehr stark. Eine solche feinkristalline Mehrphasenstruktur zeigt einen großen Widerstand gegen die plastische Verformung der Legierung bei hohen Temperaturen.

Für eine lange Gebrauchsfähigkeit der temperaturbeständigen Legierungen muß die Beständigkeit der Struktur, die die hohe Festigkeit verursacht, gefordert werden. Zur Zerstörung einer solchen Struktur und damit zur Entfestigung der Legierung kann es infolge von Platzwechselvorgängen der Atome im Gitter kommen. Dafür sind verschiedene Diffusionsprozesse verantwortlich, die besonders schnell bei hohen Temperaturen ablaufen. Diese Prozesse können zu einer Vergröberung der feinkristallinen Struktur der Legierung, zu einer Auflösung der geordneten Phasen bzw. zu einem Ausheilen der geometrischen Verzerrungen des Kristallgitters führen.

In hochschmelzenden Metallen, die als Ausgangsbasis für die temperaturbeständigen Legierungen dienen, laufen die Diffusionsprozesse genügend langsam ab. Dadurch ist auch die Forderung erfüllt, den geordneten Zustand bei hohen Temperaturen aufrechtzuerhalten.

Zum Schluß ist noch anzumerken, daß die zwischenatomaren Bindungskräfte im Metallkristall hauptsächlich durch die Leitungselektronen bedingt sind. Eine solche Eigenschaft wie die Festigkeit eines Metalls wird wesentlich durch die freien Elektronen bestimmt. Sie bewegen sich im Kristallgitter und „zementieren" die sich abstoßenden positiv geladenen Ionen. Würden diese Elektronen fehlen, dann wäre das Ionengitter instabil und würde zerstört werden. In diesem Fall könnte das Gitter überhaupt keine Festigkeit besitzen. Diese entscheidende Rolle der Leitungselektronen für die Bindungsverhältnisse im Metallkristall ist ein charakteristisches Merkmal der sogenannten *Metallbindung*. Dadurch unterscheidet sich die Metallbindung von anderen Bindungsarten, die in nichtmetallischen Kristallen realisiert sind.

3. Elektronische Eigenschaften der Metalle

3.1. Elektronenanteil der spezifischen Wärme

In diesem Abschnitt werden solche Eigenschaften von Metallen und Legierungen betrachtet, zu deren Erklärung das Vorhandensein freier Elektronen berücksichtigt werden muß. Deshalb wird zur Beschreibung nicht mehr das bisher benutzte atomare Modell verwendet, sondern ein Elektronenmodell. Dieses behandelt das Metall als ein Objekt, das aus zwei Teilsystemen besteht: dem Kristallgitter und den mehr oder weniger freien Leitungselektronen.

Zunächst soll die spezifische Wärme der Metallelektronen untersucht werden, d. h. der Anteil der spezifischen Wärme, der durch die Leitungselektronen hervorgerufen wird. Wie in Abschnitt 1.1. erläutert wurde, können die Leitungselektronen näherungsweise als ein Elektronengas betrachtet werden, das den metallischen Körper als Ganzes erfüllt.

Die Elektronen stellen durch quantenmechanische

Gesetzmäßigkeiten beschreibbare Mikroteilchen dar. Würden für sie die Gesetze der klassischen Physik gültig sein, dann müßte ein Gas solcher Teilchen eine bedeutende spezifische Wärme besitzen, die bei nicht zu tiefen Temperaturen mit der spezifischen Wärme des Ionengitters vergleichbar sein sollte. Der experimentelle Befund zeigte jedoch, daß diese Schlußfolgerung aus der klassischen Physik nicht der Wirklichkeit entspricht. Die Leitfähigkeitselektronen liefern praktisch so gut wie keinen Anteil zur spezifischen Wärme der Metalle. Ihr Beitrag ist bei Zimmertemperatur ungefähr 100—200mal kleiner als der Teil, der durch das Kristallgitter bedingt wird. Dieses Ergebnis kann als Beweis dafür gelten, daß die Elektronen keine klassischen Teilchen sind und daß zur Beschreibung des Elektronengases die Quantentheorie angewandt werden muß.

In den Abschnitten 1.3. und 1.4. wurden die Gesetzmäßigkeiten bei der Besetzung von Zuständen im $\boldsymbol{k}$-Raum durch die Elektronen erklärt, die darauf beruhen, daß Elektronen der FERMI-DIRAC-Statistik genügen und für sie das PAULI-Prinzip gültig ist. Wie schon erwähnt, bestehen diese Gesetzmäßigkeiten in folgendem: In Metallen sind beim absoluten Temperaturnullpunkt $T = 0$ die Zustände so mit Elektronen gefüllt, daß jeder Zustand mit einer kleineren Energie als die FERMI-Grenzenergie E_F durch ein Elektron besetzt ist. Zustände, deren Energie größer als E_F ist, bleiben frei. Bei Temperaturerhöhung geht ein kleiner Teil der Elektronen, die als Ergebnis der Wärmebewegung einen Energiezuwachs erhalten haben, in Zellen außerhalb der FERMI-Fläche über. Entsprechend bleiben einige Zellen im Inneren des FERMI-Körpers frei. Diese Prozesse laufen nur in einer sehr schmalen Schicht des $\boldsymbol{k}$-Raumes ab, die unmittelbar an die FERMI-Fläche angrenzt.

Die mittlere Zahl der Elektronen eines Zustandes der Energie E soll mit f bezeichnet werden. Stellt man die Abhängigkeit dieser Größe von der Energie E des Elektrons graphisch dar, erhält man Kurven, die in Abb. 23

dargestellt sind. Die Größe f wird als Verteilungsfunktion der Elektronenzustände in der FERMI-DIRAC-Statistik bezeichnet. Bei $T = 0$ besitzt die Kurve $f(E)$ eine Rechteckform (Kurve 1); sie fällt bei $E = E_F$ scharf vom Wert 1 auf den Wert 0. Mit Erhöhung der Temperatur werden die Ecken dieser Kurve allmählich immer stärker abgerundet (Kurve 2 und 3). Jedoch bleibt bei allen Temperaturen bis hinauf zur Schmelztemperatur des Metalles das Energieintervall, in dem eine merkliche „Verschmierung" der Elektronenverteilungsfunktion stattfindet, klein im Vergleich zur FERMIE-Energie E_F.

Dieses charakteristische Verhalten der FERMI-DIRAC-Verteilungsfunktion gestattet es, den kleinen Wert der spezifischen Wärme der Elektronen zu erklären. Da bei einer Temperaturänderung sich die Funktion f nur geringfügig ändert, d. h. nur ein sehr kleiner Teil aller Elektro-

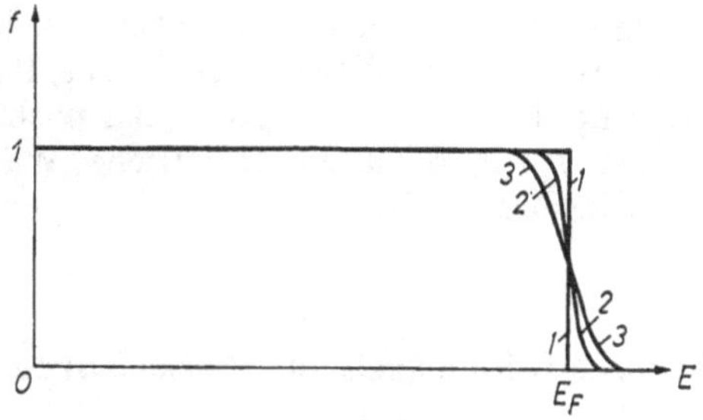

Abb. 23. Abhängigkeit der FERMI-DIRAC-Verteilungsfunktion von der Energie des Elektrons bei verschiedenen Temperaturen
1 – bei $T = 0$; 2 – bei $T = T_1$; 3 – bei $T = T_2$ ($T_2 > T_1$)

nen andere Energiezustände besetzt, hängt die Gesamtenergie des Elektronengases nur schwach von der Temperatur ab. Die spezifische Wärme (bei konstantem Volumen) ist bekanntlich gleich der Änderung der Energie eines Gases bei Temperaturerhöhung um 1 Grad. Bei einer Erwärmung um 1 Grad ändert die Kurve $f(E)$ ihre Form nur unwesentlich. Deshalb wird auch die Energie des Gases sich lediglich um einen kleinen Betrag ändern,

d. h., die spezifische Wärme des Elektronengases ist sehr klein.

Eine genaue Berechnung bestätigt diese qualitativen Überlegungen und führt in Übereinstimmung mit dem Experiment zu dem Ergebnis, daß die spezifische Wärme der Elektronen bei Zimmertemperatur um zwei Größenordnungen kleiner ist als die des Kristallgitters. Bei genügend tiefen Temperaturen wird allerdings der Elektronenanteil der spezifischen Wärme vergleichbar mit der spezifischen Wärme des Gitters bzw. übertrifft diese sogar noch. Wie schon in Abschnitt 2.1. gezeigt wurde, ist bei kleinen Temperaturen die mit den Gitterschwingungen zusammenhängende spezifische Wärme zu T^3 proportional. Demgegenüber ist die spezifische Wärme der Elektronen proportional zu T, wie eine mathematische Behandlung des Problems zeigt. Aus diesem Grunde fällt sie bei Annäherung an den absoluten Nullpunkt weitaus langsamer ab. Gewöhnlich werden beide Anteile der spezifischen Wärme bei Temperaturen der Größenordnung 1 K etwa gleichgroß. Bei noch tieferen Temperaturen spielt dann die spezifische Wärme der Elektronen die Hauptrolle.

3.2. Elektrische Leitfähigkeit und Wärmeleitung

In diesem Abschnitt soll eine solch charakteristische Eigenschaft der Metalle wie ihre elektrische Leitfähigkeit (bzw. die reziproke Größe, der spezifische elektrische Widerstand) betrachtet werden.

Zuerst soll erläutert werden, welche Ursachen den spezifischen elektrischen Widerstand hervorrufen. Dieser charakterisiert die Fähigkeit eines Metalles, dem Durchgang des elektrischen Stromes einen Widerstand entgegenzusetzen, d. h. die Bewegung der Leitungselektronen zu hemmen. Es ist außerordentlich wichtig festzustellen, daß die Eigenschaften des elektrischen Widerstandes der

Metalle nur unter Berücksichtigung der Welleneigenschaften der Elektronen geklärt werden können. Die alte klassische Vorstellung vom Elektron als im Raum lokalisiertes kleines Teilchen erweist sich auch hier als nicht zutreffend. Deshalb betrachtet man die Bewegung der Elektronen als Ausbreitung von Elektronenwellen im Kristallgitter des Metalls.

Man kann zeigen, daß das ideale ungestörte Gitter keine Streuwirkung auf die Elektronenwellen ausübt. Sie können deshalb das Gitter ohne irgendeinen Widerstand durchdringen. Eine Streuung und damit verbunden ein elektrischer Widerstand tritt erst auf, wenn verschiedene Gitterdefekte den regelmäßigen periodischen Aufbau des Kristalls stören. Diese Gitterstörungen wirken ähnlich wie eine „Trübung“ in einer Flüssigkeit. Sie streuen die Elektronenwellen, schwächen damit den Elektronenstrom in Feldrichtung und rufen so den elektrischen Widerstand hervor.

In Abschn. 1.2. wurden bereits verschiedene Formen der Störungen der Gitterperiodizität betrachtet. Man kann sie in die folgenden 3 Grundtypen einteilen:

1. thermische Gitterschwingungen,
2. Beimischungen von Fremdelementen zum Grundmetall, wobei sich die Verunreinigungen nichtperiodisch anordnen,
3. statistisch verteilte, geometrische Gitterverzerrungen unterschiedlicher Art.

Entsprechend dieser Vorstellung kann auch der elektrische Widerstand eines realen Metalles als Summe einzelner Teilwiderstände betrachtet werden, die ihre Ursache in den oben genannten Gitterverzerrungen haben. Der elektrische Widerstand des Metalles, der durch die Wärmeschwingungen der Ionen hervorgerufen wird, muß um so größer werden, je intensiver die Schwingungen erfolgen, d. h. je höher die Temperatur ist. Die Ursachen der beiden übrigen Teilwiderstände sind nicht mit einer thermischen Bewegung verbunden. Ihr Einfluß muß deshalb temperaturunabhängig sein. Tatsächlich zeigt sich auch, daß der spezifische elektrische Widerstand eines realen Metalls näherungsweise als Summe zweier Anteile dargestellt werden kann: $\varrho = \varrho_1(T) + \varrho_2$. $\varrho_1(T)$ ist eine von der Temperatur abhängige Größe, die bei Annäherung von T an den absoluten Nullpunkt ebenfalls gegen Null geht. Der zweite Summand ϱ_2 hängt dagegen nicht von T ab, bleibt also auch bei $T = 0$ erhalten. Deshalb bezeichnet man den Teil ϱ_2 als *Restwiderstand.*

Die übliche Form der Abhängigkeit des spezifischen elektrischen Widerstandes ϱ von der Temperatur T ist

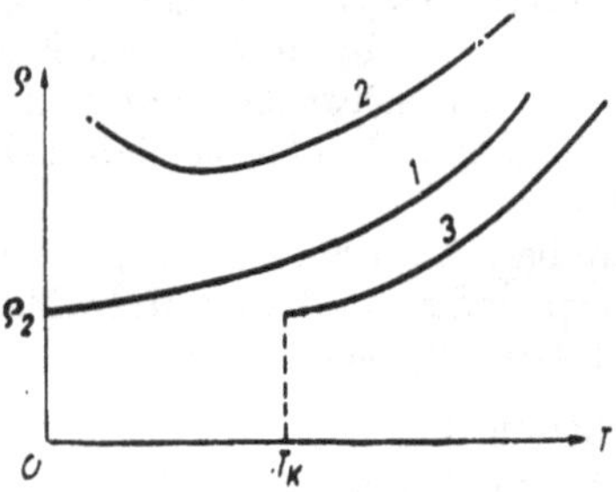

Abb. 24.
Verschiedene Möglichkeiten der Abhängigkeit des spezifischen elektrischen Widerstandes von der absoluten Temperatur im Bereich tiefer Temperaturen bei Metallen

in Abb. 24 dargestellt (Kurve 1). Im Bereich tiefer Temperaturen fällt $\varrho_1(T)$ mit der n-ten Potenz der absoluten Temperatur ab: $\varrho_1(T) = A \cdot T^n$. Dabei ist A ein Koeffizient; der Exponent n nimmt für die verschiedenen Metalle Werte zwischen 2 und 6 an. Typisch ist der Fall mit $n = 5$. Im Bereich genügend hoher Temperaturen ist ϱ_1 gewöhnlich direkt proportional zu T. Nur bei Temperaturen in Schmelzpunktnähe geht in ϱ_1 zusätzlich noch ein kleiner, proportional mit T^2 ansteigender Summand ein, der in den bereits früher erwähnten anharmonischen Wärmeschwingungen der Ionen seine Ursache hat.

Die auf dem Elektronenmodell beruhende Theorie

des elektrischen Widerstandes der Metalle gestattet es, diese experimentellen Befunde zu erklären. Dabei zeigt es sich, daß für die theoretische Behandlung solche Prozesse wie die Emission und die Absorption von Phononen durch die Elektronen berücksichtigt werden müssen. So spielen die bereits beschriebenen Quanten des Gitterschwingungsfeldes — die Phononen — hier eine wichtige Rolle.

Der Restwiderstand ϱ_2 wird durch Fremdatome und statistisch verteilte geometrische Gitterverzerrungen hervorgerufen. Deshalb muß er sich in dem Maße vergrößern, wie die beschriebenen Faktoren die Periodizität des Kristallgitters immer stärker stören. Diese Tatsache wird auch im Experiment beobachtet. Damit im Zusammenhang ist die Messung des Restwiderstandes eine sehr empfindliche und bequeme Methode, verschiedene Defekte des Kristallgitters zu untersuchen. So dient z. B. die Größe des Restwiderstandes von Metallen als Maß für ihre Reinheit. Der Restwiderstand nimmt mit sinkendem Fremdatomgehalt ab. Eines der reinsten heutzutage hergestellten Metalle ist Zink mit einer Reinheit von 99,99999%. Sein Restwiderstand — das Verhältnis des elektrischen Widerstandes bei der Temperatur des flüssigen Heliums (4,2 K) zum elektrischen Widerstand bei Zimmertemperatur — erreicht die Größenordnung 10^{-5}. Leerstellen, Zwischengitteratome und Versetzungen führen bei Metallen zu einem starken Anwachsen des Restwiderstandes. Daraus ergibt sich eine Möglichkeit zum Studium dieser Defekte. Diese Untersuchungsmethode hat eine breite Anwendung gefunden.

In ungeordneten Substitutionsmischkristallen muß ϱ_2 offensichtlich von der Zusammensetzung der Legierung abhängen. So erhöht sich beispielsweise in binären $A-B$-Legierungen (die durch die relativen Konzentrationen der Komponenten c_A und $c_B = 1 - c_A$ charakterisiert werden können) der Restwiderstand sowohl bei Zugabe von B-Atomen zum Metall A als auch bei Zugabe von A-Atomen zum Metall B. Für die Legierung mit 50%igem

Anteil beider Atomsorten ($c_A = c_B = 1/2$) muß man ein Maximum des elektrischen Widerstandes erwarten. Die Theorie führt auf eine Abhängigkeit $\varrho_2 \sim c_A \cdot c_B = c_A \cdot (1 - c_A)$, die im Experiment gut bestätigt werden konnte. Die Kurve 1 in Abb. 25 zeigt für einen ungeordneten Au—Cu-Mischkristall die Abhängigkeit des spezifischen Widerstandes ϱ von der Goldkonzentration (in At%). Diese Kurve besitzt in der Tat die Form einer Parabel mit einem Maximum in der Nähe der Zusammensetzung $c_{Au} = 1/2$.

Für Legierungen, die in bestimmten Konzentrationsbereichen ordnungsfähig sind, erwartet man dort eine Wiederherstellung der Gitterperiodizität in mehr oder weniger ausgeprägtem Maße. Folglich verringert sich dabei der elektrische Widerstand. Ein solcher Effekt

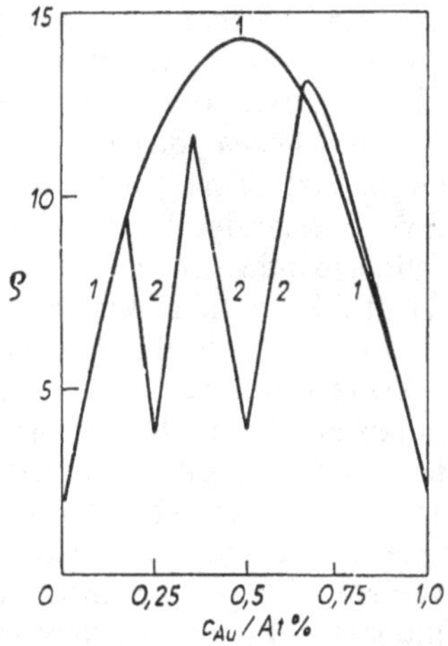

Abb. 25.
Abhängigkeit des spezifischen elektrischen Widerstandes (in willkürlichen Einheiten) eines Gold-Kupfer-Mischkristalls von der Goldkonzentration c_{Au}
1 – ungeordneter Mischkristall;
2 – geordnete Mischkristalle

wird tatsächlich bei einer Reihe von Legierungen beobachtet. In Abb. 25 (Kurve 2) ist die Abhängigkeit des spezifischen elektrischen Widerstandes ϱ von der Goldkonzentration c_{Au} für einen Au—Cu-Mischkristall dargestellt. Geordnete Konfigurationen (Überstrukturen) liegen in der Nähe der Zusammensetzungen $c_{Au} = 1/2$ und $c_{Au} = 1/4$ vor. Im Unterschied zur Kurve 1 besitzt die Kurve 2 zwei scharfe Minima, die diesen Zusammensetzungen entsprechen. Die theoretische Berechnung des Restwiderstandes ordnungsfähiger Legierungen führt zu der Schlußfolgerung, daß die Verringerung des Widerstandes, die durch den Ordnungsvorgang hervorgerufen wird, dem Quadrat des Fernordnungsgrades s (siehe Abschn. 2.4.) proportional sein muß. Die größte Widerstandsabnahme zeigt die Legierung bei der jeweils stöchiometrischen Zusammensetzung. Diese Aussagen stimmen gut mit experimentellen Daten überein.

Es muß noch bemerkt werden, daß für eine Reihe von Metallen interessante Effekte entdeckt wurden, die nicht in den Rahmen der oben dargelegten einfachen Vorstellungen von der Streuung der Elektronenwellen an verschiedenen Unvollkommenheiten des Kristallgitters passen. Es sollen hier nur zwei derartige Effekte erwähnt werden. Bei einigen Metallen tritt bei einem geringen Verunreinigungsgehalt ein Minimum in der Temperaturabhängigkeit des elektrischen Widerstandes auf, das im Gebiet tiefer Temperaturen liegt. In solchen Metallen fällt der elektrische Widerstand bei Temperaturerniedrigung nicht stetig ab, sondern beginnt nach Unterschreitung einer bestimmten Temperatur und im Verlauf weiterer Temperaturabnahme wieder anzuwachsen. Diese Abhängigkeit des Widerstandes von der Temperatur ist in Abb. 24 (Kurve 2) skizziert. Eine weitere besondere Erscheinung wird ebenfalls bei tiefen Temperaturen beobachtet. Sie besteht in einem vollständigen Verschwinden des Widerstandes unterhalb einer charakteristischen Temperatur (Kurve 3 in Abb. 24). Dieses interessante Phänomen wird als Supraleitung bezeichnet. Dieser Effekt wird im weiteren noch ausführlicher diskutiert.

Die elektrische Leitfähigkeit charakterisiert den Prozeß des elektrischen Stromflusses, d. h. die Übertragung einer elektrischen Ladung durch Elektronen. Doch zusammen mit der Ladung übertragen die Elektronen auch noch Energie. Wenn in einem Metall zwischen verschiedenen Teilbereichen eine Temperaturdifferenz entstanden ist, werden die Elektronen deshalb Energie aus den wärmeren Gebieten in die kälteren transportieren. Somit nehmen sie auch am Prozeß der Wärmeleitung teil. Das Experiment zeigt, daß diejenigen Metalle, die eine hohe elektrische Leitfähigkeit besitzen, auch ein großes Wärmeleitvermögen aufweisen. Das findet seinen Ausdruck in der bekannten WIEDEMANN-FRANZschen Regel. Sie besagt, daß das Verhältnis aus Wärmeleitfähigkeitskoeffizient und spezifischer elektrischer Leitfähigkeit eines Metalles näherungsweise gleich dem Produkt aus einer universellen Konstanten (für alle Metalle gilt ein und derselbe Wert) und der absoluten Temperatur ist. Obwohl für einige Metalle besonders bei tiefen Temperaturen merkliche Abweichungen von dieser Regel beobachtet werden, gibt es trotzdem viele Metalle, für die sie bei nicht allzu tiefen Temperaturen gut erfüllt ist. Ein solcher enger Zusammenhang zwischen der elektrischen Leitfähigkeit und der Wärmeleitfähigkeit von Metallen folgt aus der Tatsache, daß die Leitungselektronen als Träger von Ladung und Energie sowohl den elektrischen als auch den thermischen Strom hervorrufen.

Es muß allerdings in diesem Zusammenhang bemerkt werden, daß in Metallen außer dem Elektronenanteil der Wärmeleitung noch ein weiterer Übertragungsmechanismus existiert, der seine Ursache in den Gitterschwingungen hat. Es liefern also im allgemeinen nicht nur die Elektronen einen Anteil zum Wärmestrom, auch das schwingende Kristallgitter, das ebenfalls Energie zu transportieren vermag, trägt dazu bei. Da dieser zweite Mechanismus nahezu unabhängig von den Leitungselektronen abläuft, führt er zu Abweichungen von der WIEDEMANN-FRANZschen Regel. Vom Standpunkt der Quantentheorie aus werden die Gitterschwingungen als Phononen betrachtet, die am Prozeß der Wärmeübertragung teilnehmen. In reinen Metallen spielen die

Phononen bei der Wärmeleitung gewöhnlich eine untergeordnete Rolle. In Legierungen (besonders in ungeordneten) kann jedoch der Phononenanteil an der Wärmeleitfähigkeit die gleiche Größenordnung erreichen wie der Elektronenanteil.

Aus Platzgründen soll hier nicht ausführlicher auf die Erscheinungen der Wärmeleitung eingegangen werden. Auch verschiedene andere in Metallen ablaufende Prozesse, die ihre Ursache in Temperaturunterschieden im Probekörper haben, sollen hier nicht näher untersucht werden.

3.3. Galvanomagnetische Effekte

Ein äußeres Magnetfeld beeinflußt den elektrischen Stromfluß in Leitern. Die damit verbundenen Erscheinungen erhielten die Bezeichnung *galvanomagnetische Effekte*. Dazu gehören als wichtigste der HALL-Effekt und die Änderung des elektrischen Widerstandes im Magnetfeld.

Zur Beobachtung des HALL-Effektes bringt man einen elektrischen Leiter, der aus Gründen einer größeren Anschaulichkeit hier in Form eines rechtwinkligen Parallelepipeds oder einer dünnen Platte ausgebildet sein soll, in ein Magnetfeld der Feldstärke $\boldsymbol{H}$. Der Vektor der Feldstärke möge senkrecht auf der Richtung des elektrischen Stromes stehen (vgl. Abb. 26). In der Richtung, die sowohl senkrecht zu diesem Feldvektor als auch senkrecht auf der Stromrichtung bzw. der dazu entgegengesetzten Bewegungsrichtung der Elektronen steht, bildet sich eine bestimmte Potentialdifferenz V aus. In der Anordnung von Abb. 26 entsteht diese Spannung zwischen der Ober- und Unterseite des abgebildeten Leiters. Sie wird als HALL-*Spannung* bezeichnet. Mit Hilfe der Elektronentheorie der Metalle ist eine solche Erscheinung leicht damit zu erklären, daß die sich mit einer bestimmten mittleren Geschwindigkeit $\boldsymbol{u}$ bewegenden Elektronen durch das Magnetfeld eine Kraftwirkung erfahren. In dem in Abb. 26 dargestellten Fall werden die Elektronen in Richtung der Probenunterseite abgelenkt. Als Folge davon sammeln sich an dieser Fläche negative elektrische Ladungen, während die oben liegende Fläche demgegenüber ein positives Potential aufweist. Dadurch entsteht die zu beobachtende Potentialdifferenz, die HALL-Spannung.

Es schien so, als wäre der HALL-Effekt eine Erscheinung mit mehr oder weniger trivialem Charakter und ließe sich mit elementaren Mitteln erklären. Jedoch wurde beim genaueren Studium dieses Prozesses entdeckt, daß

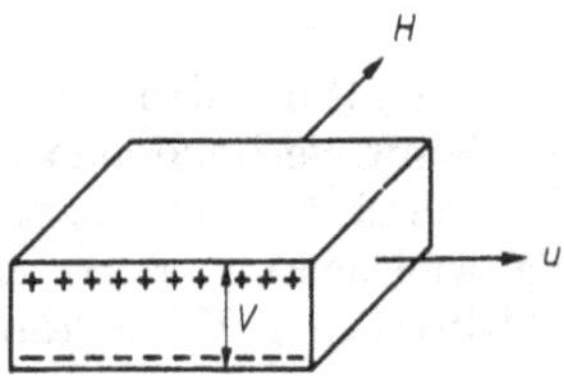

Abb. 26.
Schematische Darstellung zum HALL-Effekt

in einigen Metallen das Vorzeichen der Potentialdifferenz gerade entgegengesetzt zu dem war, das man auf der Grundlage der angeführten elementaren Überlegungen zu erwarten hätte. Diese als anomaler HALL-Effekt bezeichnete Erscheinung findet man z. B. in Zink, Cadmium, Beryllium, Iridium und einer Reihe weiterer Metalle. Ein solches Ergebnis würde zu erwarten sein, wenn die Träger des elektrischen Stromes positiv geladen wären.

Dieses Resultat ist vom Standpunkt der klassischen Elektronentheorie aus völlig unverständlich. Für seine Erklärung muß man den Quantencharakter der Elektronen berücksichtigen, der in Abschn. 1.3. kurz gestreift wurde. Es läßt sich zeigen, daß das Vorzeichen der HALL-Spannung durch den Auffüllungsgrad der BRILLOUIN-Zone mit Elektronen vollständig bestimmt wird. Ist z. B. nur ein kleiner Teil der Zone besetzt, so erhält man das normale Vorzeichen des HALL-Effektes. Bei einer fast vollständigen Besetzung der Zone erhält man den anomalen Effekt. Im letzten Fall verbleibt in der Zone nur eine relativ kleine Zahl freier Plätze oder Löcher. Wie man zeigen kann, spielen diese Löcher die Rolle positiv geladener Träger beim Ladungstransport.

Die Form der FERMI-Fläche ist in den Fällen geringer und nahezu vollständiger Auffüllung der BRILLOUIN-Zone mit Elektronen verschiedenartig ausgebildet. Sieht man von einigen möglichen Komplikationen ab, dann ist für den ersten Fall (hinreichend kleiner Auffüllungsgrad) eine konvexe Form charakteristisch. Im zweiten Fall dagegen zeigt die FERMI-Fläche eine völlig oder teilweise konkave Wölbung. So gibt die Bestimmung von Größe und Vorzeichen des HALL-Effektes die Möglichkeit, gewisse Schlußfolgerungen über die Form der FERMI-Fläche für das jeweils untersuchte Metall zu ziehen. Ferner lassen sich auch Aussagen über den Auffüllungsgrad der Zonen, d. h. über die Dichte der Leitungselektronen, gewinnen.

Eine interessante Erscheinung zeigen einige ordnungsfähige Legierungen, z. B. $AuCu_3$. Bei der Herausbildung der Überstruktur wechselt das Vorzeichen des HALL-Effektes. Diese Tatsache weist direkt darauf hin, daß die Ausbildung einer Fernordnung einen starken Einfluß auf das Energiespektrum der Elektronen im Kristallgitter ausübt.

Im folgenden soll noch ein anderer galvanomagnetischer Effekt betrachtet werden: die Änderung des elektrischen Widerstandes im Magnetfeld (im Falle nichtferromagnetischer Metalle). Wie das Experiment zeigt, wächst der elektrische Widerstand einer Probe, die sich in einem senkrecht zur Stromrichtung liegenden Magnetfeld befindet, mit Vergrößerung der Feldstärke $\boldsymbol{H}$ an. Der Einfluß des Magnetfeldes macht sich hier ebenfalls (bei klassischer Betrachtung) in einer Krümmung der Bahn der Leitungselektronen bemerkbar. Als besonders stark erweist sich dieser Einfluß bei tiefen Temperaturen und reinen Metalllen. Unter diesen Verhältnissen ist die streuende Wirkung sowohl von Gitterschwingungen als auch von Fremdatomen auf die sich bewegenden Elektronen gering. Die durch diese Streuprozesse nicht beeinflußten Teile der Elektronenbahnen — charakterisiert durch die sogenannte *mittlere freie Weglänge* — sind hier (im Mittel) besonders lang. So wächst z. B. bei einer Erhöhung der Feldstärke $\boldsymbol{H}$ von Null auf $1{,}6 \cdot 10^6$ A/m der elektrische Widerstand einer reinen Bleiprobe bei Raumtemperatur insgesamt nur um 0,01%. Bei einer Temperatur von 1,8 K dagegen steigt der Widerstand unter sonst gleichen Bedingungen auf das 4000fache an.

In einkristallinen Metallproben hängt die Änderung des elektrischen Widerstandes im Magnetfeld empfindlich von der kristallographischen Orientierung der Probe relativ zum Magnetfeld ab. Die spezielle Art der Abhängigkeit wird durch die Form der FERMI-Fläche bestimmt. So muß man z. B. im Falle einer geschlossenen FERMI-Fläche (und bei ungleicher Elektronen- und Löcherzahl, z. B. bei freien, nicht durch Elektronen besetzten Plätzen in der Zone) erwarten, daß der spezifische elektrische Widerstand ϱ bei Vergrößerung von $\boldsymbol{H}$ einem konstanten Wert zustrebt (Abb. 27a). Diese Erscheinung wird als Sättigung bezeichnet. Für Metalle mit offenen FERMI-Flächen wächst bei bestimmten Orientierungen des Magnetfeldes der elektrische Widerstand bei Vergrößerung der Feldstärke $\boldsymbol{H}$ stetig an (Abb. 27b), bei anderen Orientierungen jedoch beobachtet man in starken Magnetfeldern ebenfalls wieder ein Einmünden von ϱ in einen Sättigungswert. Das Auftreten eines der beiden beschriebenen Fälle der $\varrho(H)$-Abhängigkeit ist eng mit den geometrischen Besonderheiten der FERMI-Fläche verknüpft. Das Studium dieser Erscheinungen bietet deshalb eine Möglichkeit, Aussagen über die Geometrie der FERMI-Fläche zu gewinnen. Bei einem Polykristall muß eine Mittelung über die verschiedenen Orientierungen der einzelnen Kristallite relativ zur Richtung des Magnetfeldes durchgeführt werden. Die

Mittelung erfolgt über eine Orientierungs-Verteilungsfunktion, wobei jeder Orientierung ein entsprechender Wert $\varrho(H)$ zugeordnet wird. Als Ergebnis erhält man eine Regel, die von P. L. Kapitza erstmals formuliert wurde. Diese besagt, daß für polykristalline Proben ϱ mit H bei hohen Feldstärken linear anwächst.

Im Gebiet tiefster Temperaturen (etwa unter 10 K) und starker Magnetfelder (Größenordnung 10^5—10^6 A/m) hängt der spezifische elektrische Widerstand ϱ einer

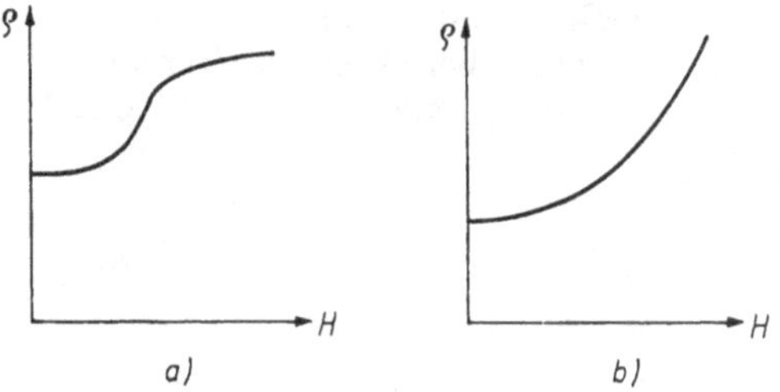

Abb. 27. Mögliche Formen der Abhängigkeit des spezifischen elektrischen Widerstandes ϱ metallischer Festkörper von der Feldstärke H des Magnetfeldes

Reihe von Metallen (ebenso wie einige andere elektrische Größen) in weitaus komplizierterer Form von der Magnetfeldstärke H ab. Die Abhängigkeit besitzt unter diesen extremen Bedingungen oszillierenden Charakter, d. h. der elektrische Widerstand durchläuft mit wachsendem H eine Reihe von Maxima und Minima. Diese Erscheinung wurde erstmals von L. Schubnikow und W. de Haas an Wismuteinkristallen beobachtet. Sie wird als Schubnikow-de-Haas-Effekt bezeichnet.

Später wurde dieser Effekt auch an Zink und einigen anderen Metallen nachgewiesen. Es zeigte sich, daß es für einen Vergleich der experimentellen Daten mit der Theorie aufschlußreicher ist, nicht die Abhängigkeit $\varrho(H)$, sondern die vom reziproken Wert der Feldstärke $\varrho(1/H)$ zu betrachten. Die Periode der Oszillationen, die aus den Kurven entnommen werden kann, ist in besonders einfacher Weise mit bestimmten Querschnittsflächen des Fermi-Körpers verknüpft. Deshalb bietet das Studium des SCHUBNIKOW-DE-HAAS-Effektes ein wichtiges Hilfsmittel, FERMI-Flächen experimentell zu bestimmen. In Abb. 28 ist die Abhängigkeit des spezifischen elektrischen Widerstandes ϱ eines Wismuteinkristalls vom Kehrwert der Feldstärke $1/H$ bei 1,5 K dargestellt. Die Kurve zeigt deutlich die erwähnten Oszillationen. Wie man nachweisen kann, hängt der oszillierende Charakter der $\varrho(H)$-Abhängigkeit mit den Quanteneigenschaften der Leitungselektronen zusammen. Diese Quanteneigenschaften treten bei tiefsten Temperaturen und starken Magnetfeldern experimentell am deutlichsten in Erscheinung.

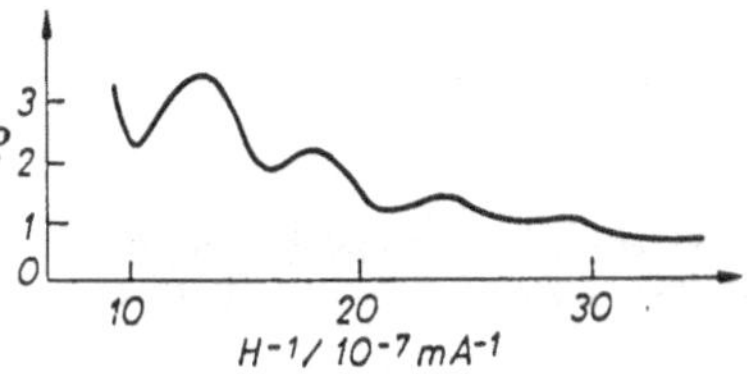

Abb. 28. Änderung des spezifischen elektrischen Widerstandes (in willkürlichen Einheiten) eines Wismut-Einkristalls in Abhängigkeit von der reziproken Feldstärke des Magnetfeldes bei einer Temperatur von 1,5 *K*

Wie gezeigt wurde, lassen sich die Besonderheiten des HALL-Effektes und der Änderung des elektrischen Widerstandes im Magnetfeld unmittelbar aus der speziellen Form der FERMI-Fläche ableiten. Die Untersuchung der galvanomagnetischen Erscheinungen in Metallen, besonders in Einkristallen, gestattet deshalb, weitreichende Schlußfolgerungen über die Energieverteilung der Elektronen und insbesondere auch über die Form der FERMI-Flächen zu ziehen.

3.4. Elektronenaustritt aus Metallen

Die Dichte der Leitungselektronen ist in Metallen sehr hoch. Sie erreicht Werte in der Größenordnung von 10^{22} pro cm^3. Trotzdem treten die Elektronen unter normalen Bedingungen nicht aus der Metalloberfläche aus, sondern verbleiben im Inneren des Festkörpers. Dieses Verhalten erklärt sich daraus, daß auf jedes Elektron, das das Metall verlassen will, eine in das Metallinnere gerichtete, rücktreibende Kraft wirkt. In einer dünnen Oberflächenschicht des metallischen Körpers finden die Elektronen Bedingungen vor, die sich von denen im Inneren stark unterscheiden. Charakteristisch ist hier z. B., daß sich in der Nähe eines wegfliegenden Elektrons die übrigen Leitungselektronen nicht unabhängig bewegen, sondern dem Einfluß abstoßender Wechselwirkungskräfte mit diesem Elektron ausgesetzt sind. Hat das Elektron die Oberfläche verlassen, steht es unter dem Einfluß einer überschüssigen positiven Ladung der Ionen. Das Verhalten des Elektrons kann man dadurch beschreiben, daß im Metall eine positive Spiegelladung vom gleichen Betrag wie die des Elektrons angenommen wird (die Spiegelebene für das Elektron und die Scheinladung ist die Kristalloberfläche). Die Anziehungskraft zwischen dem emittierten Elektron und der im Metall zurückbleibenden positiven Ladung ist bestrebt, das Elektron zurückzuholen.

Zur Überwindung dieser rücktreibenden Kräfte muß das Elektron eine bestimmte Arbeit aufbringen. Deshalb ist die mittlere potentielle Energie des Elektrons im Metallinneren kleiner als seine potentielle Energie außerhalb des Metalls. Die Änderung der potentiellen Energie erfolgt in der Hauptsache in einer verhältnismäßig dünnen Grenzschicht an der Oberfläche. Ein stark schematisierter Potentialverlauf, der jedoch für eine näherungsweise Behandlung vieler Probleme ausreicht, wird durch einen Sprung der potentiellen Energie des Elektrons an der Metalloberfläche gegeben.

Nur Elektronen, die eine hinreichend große Energie besitzen, überwinden diesen Potentialsprung. Beispielsweise können die Elektronen bei genügend hoher Temperatur des Metalles die erforderliche Energie aus der thermischen Bewegung der Ionen und Elektronen gewinnen. Eine andere Möglichkeit besteht in der Bestrahlung eines Metalls durch Lichtquanten. Voraussetzung ist allerdings eine ausreichende Energie der auftreffenden Photonen. In beiden Fällen wird tatsächlich ein Elektronenaustritt aus dem Metall beobachtet. Diese Prozesse, allgemein als Glühemission und Fotoemission bekannt, finden eine breite Anwendung in der Rundfunktechnik, in der Automation, im Gerätebau und in anderen Bereichen.

Bei einer Erwärmung des Metalls vergrößert sich die Zahl der Elektronen, die eine hinreichend hohe Energie zur Überwindung des Potentialberges an der Metalloberfläche besitzen, d. h., der Thermoemissionsstrom

Abb. 29.
Zahl der von einer heißen Metalloberfläche pro Zeiteinheit emittierten Elektronen N_e in Abhängigkeit von der absoluten Temperatur T

wächst bei Temperaturerhöhung stark an (fast nach einem Exponentialgesetz). Abb. 29 zeigt eine typische Kurve für die Abhängigkeit der Zahl der Elektronen N_e, die von einem Metall pro Zeiteinheit emittiert werden, von der absoluten Temperatur T.

Im Fall der fotoelektrischen Emission (Fotoeffekt) steigt die Zahl der aus dem Metall ausgelösten Elektronen mit der Vergrößerung der Anzahl auftreffender Photonen an, d. h., sie wächst mit zunehmender Lichtintensität. Mit steigender Lichtfrequenz ν erhöht sich dagegen die kinetische Energie E_{Kin} der emittierten Elektronen.

Das ergibt sich daraus, daß die Photonenenergie $h \cdot \nu$ (h ist die PLANCKsche Konstante) von dem Elektron vollständig absorbiert wird. Nach dem Energieerhaltungssatz muß dann gelten: $h \cdot \nu = E_{\text{Kin}} + A$. Diese Beziehung ist die EINSTEINsche Gleichung für den lichtelektrischen Effekt. A ist dabei die Austrittsarbeit. Darunter ist der Energiebetrag zu verstehen, der gerade ausreicht, damit das Elektron den Metallverband verlassen kann.

Die Größe der Austrittsarbeit hängt stark von den Eigenschaften der Metalloberfläche ab, insbesondere von einer etwaigen Schicht absorbierter Fremdatome. In Einkristallen gehören zu Grenzflächen verschiedener Orientierung auch unterschiedliche Werte der Austrittsarbeit A.

Interessant erscheint in diesem Zusammenhang der Hinweis, daß die thermoelektrische Emission einen möglichen Weg weist, eine der dringendsten Energiefragen der Zukunft — die direkte Umwandlung von Wärmeenergie in elektrische — zu lösen.

Eine weitere Möglichkeit, Elektronen aus dem Metall zu befreien, ergibt sich durch Anlegen eines elektrischen Feldes. Diese Erscheinung ist unter dem Namen *Feldemission* bekannt. Die Feldemission tritt praktisch nur in sehr starken Feldern (Größenordnung 10^8 V/m) auf. Der Strom der emittierten Elektronen wächst dann sehr schnell mit der elektrischen Feldstärke an. Die Feldemission wird insbesondere in Feldelektronenmikroskopen angewandt, um eine sehr hohe Vergrößerung bestimmter Untersuchungsobjekte zu erzielen. Die aus der Kathode emittierten Elektronen erzeugen auf der Wand des sphärischen Röhrenkolbens eine um größenordnungsmäßig 10^5fach vergrößerte Abbildung der Kathodenoberfläche. Die Kathode selbst ist in Form einer feinen Spitze mit einem sehr kleinem Krümmungsradius ausgebildet. An Hand der erhaltenen Aufnahmen kann z. B. die Symmetrie des Kristallgitters an der Kathodenspitze ermittelt werden.

3.5. Optische Eigenschaften der Metalle

Metalle besitzen charakteristische optische Eigenschaften. Dazu gehört unter anderem das große Reflexionsvermögen der Metalloberflächen. Diese Eigenschaft wird bekanntlich bei der Herstellung von Spiegeln ausgenutzt, die entweder fehlerlose ebene Metalloberflächen sind oder aus Glasscheiben bestehen, die mit einer dünnen Schicht aus Silber, Aluminium oder einem anderen Metall hinterlegt sind. Weitere wichtige optische Eigenschaften der Metalle sind ihre Undurchlässigkeit für infrarote Strahlung und sichtbares Licht sowie die charakteristische Farbe einiger Metalle, z. B. die von Gold und Kupfer. Schon M. W. Lomonossow definierte die Metalle als blanke Körper, die schmiedbar sind. Dieser Definition liegen solche Eigenschaften wie der große Reflexionskoeffizient und die Plastizität zugrunde. Heutzutage ist es möglich, eine strengere Definition des metallischen Zustandes anzugeben (siehe Abschn. 1.4.). Jedoch war schon zur Zeit M. W. Lomonossows das hohe Reflexionsvermögen der Metalle gut bekannt und wurde zu ihren charakteristischen Eigenschaften gerechnet.

Im Falle nicht zu hoher Frequenzen (z. B. im infraroten Gebiet) kann das Licht als ein Strom elektromagnetischer Wellen betrachtet werden. Seine quantenmechanischen Besonderheiten spielen praktisch keine Rolle.

Die klassische Theorie der Ausbreitung elektromagnetischer Wellen in leitenden Medien gestattet es, einen Zusammenhang zwischen den Absorptions- und Reflexionskoeffizienten und der elektrischen Leitfähigkeit herzustellen. Die Theorie führt zu der Schlußfolgerung, daß für Metalle, die eine große Zahl von Leitungselektronen und damit eine hohe elektrische Leitfähigkeit besitzen, die Werte des Absorptions- und des Reflexionskoeffizienten ebenfalls sehr hoch sein müssen. Diese Aussage wird durch das Experiment auch gut bestätigt.

Zur Erklärung der optischen Eigenschaften der Metalle

im sichtbaren und ultravioletten Spektralbereich muß man die Quanteneigenschaften sowohl des Lichtes als auch der Elektronen in den Metallen berücksichtigen. Insbesondere spielt die Bandstruktur der Metalle eine entscheidende Rolle. Das Licht soll als ein Strom von Teilchen betrachtet werden, sog. Photonen, die auf das Metall auftreffen und unter bestimmten Bedingungen von den Elektronen absorbiert werden können. Dabei ist von entscheidender Bedeutung, in welches Band des Energiespektrums das Elektron nach der Absorption gelangen kann. Nach dem Energieerhaltungssatz wird ein Elektron mit der Energie E nach der Absorption eines Photons mit der Frequenz ν und der Energie $h \cdot \nu$ eine neue Energie $E' = E + \varepsilon = E + h \cdot \nu$ besitzen. Liegt der Wert von E' in einem verbotenen Energieband, wird ein solcher Prozeß nicht stattfinden und das Licht der Frequenz ν kann von dem besagten Elektron nicht absorbiert werden. Eine Absorption ist nur möglich, wenn E' in ein erlaubtes Band fällt. Außerdem kann in Übereinstimmung mit dem PAULI-Prinzip das Elektron nach der Absorption eines Photons keinen Zustand einnehmen, der schon durch ein anderes Elektron besetzt ist. Alle diese Gesichtspunkte machen es prinzipiell möglich, die charakteristischen Besonderheiten der Abhängigkeit des Absorptionskoeffizienten von der Frequenz des einfallenden Lichtes zu verstehen. Diese Abhängigkeit ist nicht monoton. Sie besitzt Maxima und Minima, die auf eine besonders starke oder schwache Absorption des Lichtes bestimmter Frequenzen hinweisen. So beobachtet man z. B. bei Kupfer eine besonders starke Absorption im blau-grünen Spektralbereich, was auch die rötliche Farbe dieses Metalles erklärt.

Mit Vergrößerung der Frequenz des Lichtes, z. B. beim Übergang vom ultraroten oder sichtbaren Spektralbereich zum ultravioletten, verringern sich Absorption und Reflexion des Lichtes an einer Metallfläche. Das Metall nähert sich in seinen optischen Eigenschaften einem Isolator. Beispielsweise verkleinert sich das

Reflexionsvermögen von Silber beim Übergang vom sichtbaren zum ultravioletten Spektralbereich um mehr als das 20fache.

Bei der Untersuchung der Absorptions- und Emissionsspektren von Röntgenstrahlen treten ähnliche Verhältnisse auf, wobei der Quantencharakter der Strahlung berücksichtigt werden muß. Auch in diesem Fall kann man weitreichende Erkenntnisse über die Bandstruktur des Energiespektrums der Elektronen und die Lage der FERMI-Grenze gewinnen.

3.6. Paramagnetismus und Diamagnetismus

Alle Stoffe reagieren in irgendeiner Art und Weise auf das Anlegen eines äußeren Magnetfeldes. Dabei entsteht eine Magnetisierung der Substanz oder die bereits vorhandene ändert sich. Als Magnetisierung $\boldsymbol{I}$ bezeichnet man das magnetische Moment pro Volumeneinheit des Stoffes (im Falle homogener Magnetisierung). Das magnetische Moment ist die Summe der magnetischen Momente aller in diesem Volumen befindlicher Teilchen. In paramagnetischen und diamagnetischen Körpern ist die Magnetisierung $\boldsymbol{I}$ proportional der Feldstärke $\boldsymbol{H}$ des Magnetfeldes: $\boldsymbol{I} = \mu_0 \cdot \varkappa \cdot \boldsymbol{H}$. Die Größe $\varkappa$ ist eine stoffspezifische Konstante und wird als magnetische Suszeptibilität bezeichnet, μ_0 ist die Induktionskonstante. Der Vektor $\boldsymbol{B} = \mu_0\boldsymbol{H} + \boldsymbol{I} = (1 + \varkappa)\,\mu_0\,\boldsymbol{H} = \mu_0\mu\boldsymbol{H}$ heißt magnetische Induktion, $\mu = 1 + \varkappa$ ist die magnetische Permeabilität des Stoffes. Bei paramagnetischen Körpern ist $\varkappa > 0$, bei diamagnetischen ist $\varkappa < 0$.

Der Körper wird unter dem Einfluß des äußeren Feldes magnetisiert und baut dadurch selbst ein zusätzliches magnetisches Feld auf. Wie bereits dargelegt wurde, sind die Bahn- und Spinmomente der den Körper bildenden Teilchen Träger der magnetischen Eigenschaften. Die Hauptrolle spielen hierbei die Elektronen, die auch ausschließlich berücksichtigt werden sollen. In Abhängigkeit vom Auffüllungsgrad der Elektronenschalen des Atoms unterscheidet man einfache Metalle und Übergangsmetalle.

In den Atomen der einfachen Metalle sind alle Schalen außer der äußeren völlig mit Elektronen gefüllt. Im Kristallgitter dieser Metalle bilden die Elektronen der äußeren Schale das Gas der freien Elektronen. Die übrigbleibenden positiven Ionen besitzen keine unvollendeten Schalen, sondern nur noch jeweils abgeschlossene, wobei sich alle Bahn- und Spinmomente der Elektronen gegenseitig kompensieren. Aus diesem Grund besitzt eine solche Schale kein resultierendes magnetisches Moment.

In den Atomen der Übergangsmetalle treten innere nicht abgeschlossene Schalen auf, d. h., in diesen sind nicht alle möglichen Zustände mit Elektronen besetzt. Im Kristallgitter solcher Metalle bilden die Außenelektronen wieder das Elektronengas, die positiven Ionen besitzen aber im Unterschied zu den einfachen Metallen unabgeschlossene innere Schalen, d. h., sie enthalten eine Anzahl unbesetzter Zustände. Aus diesem Grunde kompensieren sich die magnetischen Momente nicht vollständig, und die Elektronenhülle eines solchen Ions weist ein resultierendes magnetisches Moment auch bei Abwesenheit eines äußeren Magnetfeldes auf. In bestimmten Übergangsmetallen können sich auch die Elektronen der inneren unabgeschlossenen Schalen in einem gewissen Grade vereinigen.

In diesem Abschnitt soll der Fall einfacher Metalle näher diskutiert werden. Diese Metalle können in Abhängigkeit davon, welche Richtung ihre Magnetisierung bezüglich des äußeren Feldes aufweist, in zwei Gruppen eingeteilt werden. Paramagnetische Körper, die eine positive magnetische Suszeptibilität besitzen, werden parallel zur Feldrichtung magnetisiert. Bei antiparalleler Einstellung der magnetischen Momente zum äußeren Magnetfeld liegt ein diamagnetischer Stoff (negative magnetische Suszeptibilität) vor.

In den Nichtübergangsmetallen kann man drei Grundmechanismen der Magnetisierung unterscheiden. Einer davon führt zu einem paramagnetischen, die beiden anderen zu einem diamagnetischen Verhalten. Der erste Mechanismus besteht in der ausrichtenden Wirkung des äußeren Magnetfeldes auf die magnetischen Spinmomente der Leitungselektronen. Dabei orientieren sich diese Momente in Feldrichtung, d. h., der Körper wird in diese Richtung magnetisiert. Der Effekt ist in Metallen praktisch temperaturunabhängig. Theoretisch wurde dieser Effekt von W. PAULI gedeutet, er trägt deshalb den Namen PAULI-Paramagnetismus.

Der zweite Mechanismus ist mit der Bewegung der freien Elektronen im Metall verknüpft. L. D. LANDAU zeigte, daß die Bewegung der Leitungselektronen in einem äußeren Magnetfeld zu einer dem Feld entgegengerichteten Magnetisierung führt, d. h. Diamagnetismus hervorruft. Diese Erscheinung wird als LANDAU-Diamagnetismus bezeichnet.

Der dritte Mechanismus gilt ganz allgemein für alle Körper. Er besteht darin, daß beim Einschalten des Magnetfeldes in der Elektronenhülle Ströme induziert werden, die ein dem äußeren Feld entgegengerichtetes Magnetfeld hervorrufen. In Metallen führt das zu einem Diamagnetismus, der durch die Elektronenhüllen bedingt ist.

Ob ein bestimmtes Metall paramagnetisch oder diamagnetisch ist, hängt davon ab, welcher der genannten Prozesse überwiegt, d. h. ob der PAULI-Paramagnetismus stärker ist als die beiden erwähnten diamagnetischen Effekte oder umgekehrt. Beispielsweise sind Ca, Mg, Ba, Al und alle Alkalimetalle paramagnetische Substanzen, während Zn, Cd, Hg, Cu, Ag, Au und Tl diamagnetisches Verhalten zeigen.

Bei tiefen Temperaturen und in starken Magnetfeldern zeigen die Metalle ein bedeutend komplizierteres magnetisches Verhalten. Zum Beispiel besitzt der Diamagnetismus des Elektronengases in diesem Falle interessante Besonderheiten. Die magnetische Suszeptibilität hängt in komplizierter oszillierender Form von der Magnetfeldstärke ab (DE HAAS—VAN ALPHEN-Effekt). Diese Erscheinung zeigt viele Gemeinsamkeiten mit dem in Abschn. 3.3. skizzierten SCHUBNIKOW—DE HAAS-Effekt. Auch hier erweist es sich wieder als vorteilhaft, die Abhängigkeit der magnetischen Suszeptibilität $\varkappa$ von der reziproken Feldstärke $1/H$ zu betrachten. Abb. 30 zeigt die Abhängigkeit $\varkappa(1/H)$ für Zink bei einer Temperatur von 4,2 K. Die Suszeptibilität durchläuft eine große Zahl sehr deutlicher Maxima und Minima. Wie auch bei anderen Effekten dieser Art nimmt die Amplitude der Schwingungen bei Temperaturanstieg ab und verschwindet bei genügend hohen Temperaturen praktisch völlig. Die Oszillationsperiode der reziproken

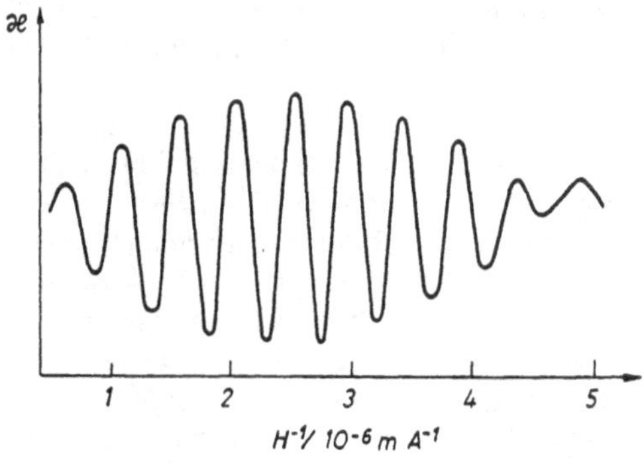

Abb. 30. Abhängigkeit der magnetischen Suszeptibilität $\varkappa$ von Zink (in willkürlichen Einheiten) von der reziproken Feldstärke des Magnetfeldes bei 4,2 K

magnetischen Feldstärke ist wie auch im Fall des SCHUBNIKOW—DE HAAS-Effektes mit der Fläche bestimmter Querschnitte des FERMI-Körpers der Leitungselektronen verknüpft. Deshalb gibt die Untersuchung der Schwingungen der magnetischen Suszeptibilität bei Änderung von $1/H$ die Möglichkeit, wertvolle Aussagen über die Form der FERMI-Fläche der Leitungselektronen in Metallen zu gewinnen.

3.7. Ferromagnetismus und Antiferromagnetismus

In den Atomen der Übergangsmetalle existieren, wie bereits erwähnt wurde, nichtbesetzte Plätze (Zustände) auf den inneren Elektronenschalen. Dadurch kann in diesen Schalen ein unkompensiertes magnetisches Moment auftreten. Die Übergangsmetalle sind also paramagnetische Körper (zumindest bei genügend hohen Temperaturen).

Bei einigen Übergangsmetallen wird bei Temperaturerniedrigung eine Erscheinung beobachtet, die sowohl in prinzipieller wissenschaftlicher als auch in praktischer Hinsicht eine ganz überragende Bedeutung besitzt. Es handelt sich um den Übergang des Metalles in den ferromagnetischen oder antiferromagnetischen Zustand. Diese Erscheinungen sind, wie im weiteren gezeigt wird, durch eine besondere Form der atomaren magnetischen Ordnung charakterisiert.

Zu den Stoffen, in denen bei tiefen Temperaturen ein ferromagnetischer Zustand vorliegt, gehören die Metalle Fe, Co, Ni und einige Selten-Erd-Metalle sowie viele ihrer Legierungen und Verbindungen. Ferromagnetika sind im Vergleich zu den Para- und Diamagnetika sehr stark magnetisierbare Stoffe; ihre Magnetisierung kann um mehrere Größenordnungen höher sein. Die Magnetisierung I ist bei ferromagnetischen Stoffen der Magnetfeldstärke H nicht mehr proportional; sie hängt nicht einmal eindeutig mit H zusammen, da man für eine bestimmte Feldstärke verschiedene I-Werte je nach der Vorgeschichte der Probe erhalten kann. Mitentscheidend für den momentanen Zustand ist also das Magnetfeld (Betrag und Richtung), in dem sich der Körper vorher befand. Diese Besonderheit zeigt sich in der Erscheinung einer magnetischen Hysterese. Sie besteht darin, daß in der $I(H)$-Kurve bei Abnahme von H die Magnetisierung I nicht die gleichen Werte durchläuft wie bei Erhöhung der Feldstärke. In Abb. 31a ist eine typische Magnetisierungskurve eines Ferromagneten dargestellt, d. h. der Verlauf der $I(H)$-Abhängigkeit. Diese Kurve erhält man, wenn das angelegte Magnetfeld der Stärke H von Null beginnend erhöht wird. Vorausgesetzt ist ein unmagnetisierter Ausgangszustand der Probe. Aus der Zeichnung ist ersichtlich, daß sich die Kurve stark von einer Geraden unterscheidet. Nach einem schnellen Anwachsen von I nimmt der Anstieg der Kurve schließlich wieder ab. Bei einer weiteren Erhöhung von H geht die Magnetisierung gegen einen konstanten Wert I_s. Hier wird die sogenannte technische Sättigung erreicht.

In Abb. 31b ist eine Hystereseschleife dargestellt, die man in folgender Weise erhält. Man verringert die Feldstärke ausgehend von einem Wert H_s auf Null. H_s soll der technischen Sättigung entsprechen. Es zeigt sich, daß

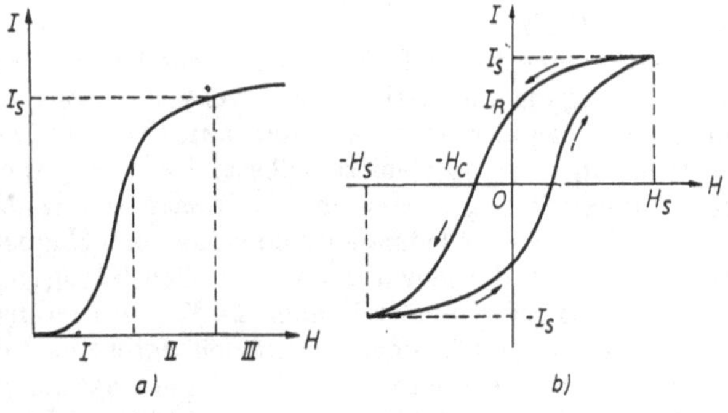

Abb. 31. Abhängigkeit der Magnetisierung von der Feldstärke des Magnetfeldes in Ferromagnetika
a) Magnetisierungskurve; b) Hystereseschleife

bei verschwindender Feldstärke die Magnetisierung I nicht gleich Null wird, sondern einen Wert I_R annimmt (Restmagnetisierung). Um die Probe zu entmagnetisieren, muß ein Gegenfeld $\boldsymbol{H} = -\boldsymbol{H}_c$ angelegt werden. H_c ist die *Koerzitivkraft*. Bei einer weiteren Vergrößerung des Feldes in Gegenrichtung entsteht eine der ursprünglichen Magnetisierung entgegengesetzt gerichtete. Diese erreicht bei $\boldsymbol{H} = -\boldsymbol{H}_s$ ebenfalls wieder den Wert der technischen

Sättigungsmagnetisierung $-I_s$. Bei einer Verringerung des Gegenfeldes auf Null und (nach der Richtungsumkehr) einer anschließenden Vergrößerung auf H_s ändert sich die Magnetisierung analog dem unteren Teil der Hysteresekurve.

Man sieht, daß ein Körper auch bei verschwindendem äußeren Magnetfeld ($\boldsymbol{H} = 0$) magnetisch bleiben kann. Dieser Fall liegt in Permanentmagneten vor, die eine breite Anwendung in der Elektrotechnik und im Gerätebau finden. Solche Permanentmagnete bauen auch in Abwesenheit eines äußeren magnetisierenden Feldes ein eigenes Magnetfeld auf. Da die Magnetisierung ferromagnetischer Körper nicht proportional zu H verläuft, sind die magnetische Suszeptibilität und die magnetische Permeabilität keine Materialkonstanten mehr, sondern hängen von H ab.

Ein ferromagnetischer Kristall, der nicht bis zur technischen Sättigung magnetisiert ist, weist niemals einen homogenen Magnetisierungszustand auf. Er läßt sich unterteilen in einzelne Gebiete selbständiger oder spontaner Magnetisierung, sogenannte *ferromagnetische Domänen*. In jeder dieser Domänen bildet sich eine Magnetisierung I heraus, die gleich der technischen Sättigungsmagnetisierung I_s ist. Jedoch können die Magnetisierungsvektoren in den verschiedenen Domänen unterschiedlich ausgerichtet sein. Deshalb kann die Magnetisierung gemittelt über die gesamte Probe durchaus kleinere Werte als I_s annehmen oder sogar völlig verschwinden.

Die Domänenstruktur kann experimentell direkt sichtbar gemacht werden, z. B. durch die Bitterstreifentechnik (mitunter auch als Akulow-Figuren bezeichnet). Zu diesem Zweck wird auf die polierte Oberfläche einer ferromagnetischen Probe ein äußerst feines magnetisches Pulver oder eine entsprechende Suspension aufgetragen. Das Pulver sammelt sich an den Domänengrenzen an, wo Inhomogenitäten des Magnetfeldes vorliegen. Dadurch werden die Umrisse der Domänen sichtbar. Die Größe der Domänen hängt von den Abmessungen und der Form der

Probe ab. Gewöhnlich besitzen die Domänen im Probeninneren ein Volumen in der Größenordnung von 10^{-8} m^3 (und kleiner). In Oberflächennähe nimmt es noch weiter ab.

Den Grund dieser Unterteilung des Ferromagneten in einzelne Domänen kann man folgendermaßen verdeutlichen. Es ist bekannt, daß der stabilste Zustand eines physikalischen Systems dem niedrigster Energie entspricht. Wäre die Probe homogen magnetisiert, dann müßten an ihrer Oberfläche Magnetpole entstehen. In dem umgebenden Raum würde sich ein starkes Magnetfeld aufbauen, das einen hohen Energieinhalt aufweist. Im Falle einer Unterteilung des Körpers in Domänen sind deren Magnetisierungsvektoren bestrebt, sich so zu orientieren, daß sich geschlossene magnetische Kreise bilden. Die magnetischen Feldlinien sind dabei in sich geschlossen, sie treten nicht nach außen aus und erzeugen deshalb

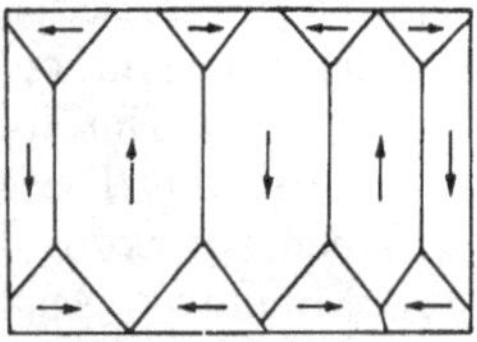

Abb. 32.
Domänenstruktur eines Einkristalls einer Eisen-Silizium-Legierung

auch im umgebenden Raum so gut wie kein Magnetfeld. Die Energie einer solchen Konfiguration ist kleiner als im zuerst beschriebenen Fall, und der Zustand wird deshalb der stabilere sein. Abb. 32 zeigt schematisch die Domänenstruktur einer einkristallinen Probe einer Eisen-Silizium-Legierung, die durch eine Magnetpulvermethode sichtbar gemacht wurde. Man kann hier an Hand der Magnetisierungsvektoren den geschlossenen Magnetfluß im Inneren des Körpers gut verfolgen.

Die magnetischen Momente der Domänen sind nicht willkürlich orientiert, sondern stehen in bestimmter Weise mit den kristallographischen Richtungen in Zusammenhang. Im Kristall existieren sogenannte Richtungen leichter Magnetisierung. Diese Richtungen nehmen die mangetischen Momente der Domänen ein, wenn kein äußeres Magnetfeld und keine deformierenden Kräfte vorhanden sind. Beispielsweise liegen in kubischen Eisenkristallen die Richtungen leichter Magnetisierung parallel zu den Kanten der Elementarzelle.

Die Existenz einer spontanen Magnetisierung ist charakteristisch für einen Ferromagneten. Das äußere Magnetfeld besitzt nur einen unbedeutenden Einfluß auf die spontane Magnetisierung der Domänen, die hauptsächlich durch andere Ursachen bestimmt wird.

Im folgenden soll untersucht werden, durch welche Kräfte die spontane Magnetisierung der Domänen hervorgerufen wird und welcher Art die Träger der magnetischen Eigenschaften in Ferromagnetika sind. Speziell konzipierte Versuche zeigten, daß als Träger der magnetischen Eigenschaften in ferromagnetischen Substanzen hauptsächlich die magnetischen Spinmomente der Elektronen in Frage kommen, die sich in den nicht abgeschlossenen Schalen der Elektronenhülle der Kristallgitterionen befinden. Die Spinmomente werden unter dem Einfluß starker quantenmechanischer Kräfte ausgerichtet. Diese Kräfte sind nicht mit den magnetischen Wechselwirkungskräften gleichzusetzen. Sie werden gewöhnlich als Austauschkräfte bezeichnet. Dem Betrage nach übertreffen sie die magnetischen Kräfte im Kristall ganz erheblich. Zum Beispiel ist im Eisen die Wirkung dieser Kräfte äquivalent der Wirkung eines effektiven Magnetfeldes mit einer Feldstärke von $4 \cdot 10^8$ A/m. Diese Kräfte richten die magnetischen Spinmomente der Ionen innerhalb jeder Domäne aus und erzeugen dort somit eine spontane Magnetisierung.

Die spontane Magnetisierung einer Domäne hängt von der Temperatur ab, weil die Wärmebewegung bestrebt ist, die Spinorientierung zu zerstören. Beim absoluten Temperaturnullpunkt liegt die größte Magnetisierung vor. Dieser Wert I_0 wird als absolute Sättigungsmagnetisierung bezeichnet. Im Zustand der absoluten Sättigung liegen die magnetischen Momente aller Ionen parallel zu ein und derselben Richtung. Abb. 33a zeigt diesen Fall. Die Kreise bezeichnen dort die Ionen auf ihren Gitterplätzen, die Pfeile die Richtungen ihrer magnetischen Spinmomente. Man sieht, daß hierbei eine geordnete magnetische Atom- oder Ionenstruktur entsteht, in der die magnetischen Momente regelmäßig in einer bestimmten Richtung im Raum angeordnet sind. Mit Erhöhung der Temperatur T verringert sich die spontane Magnetisierung I und wird bei einem bestimmten Wert $T = 0$

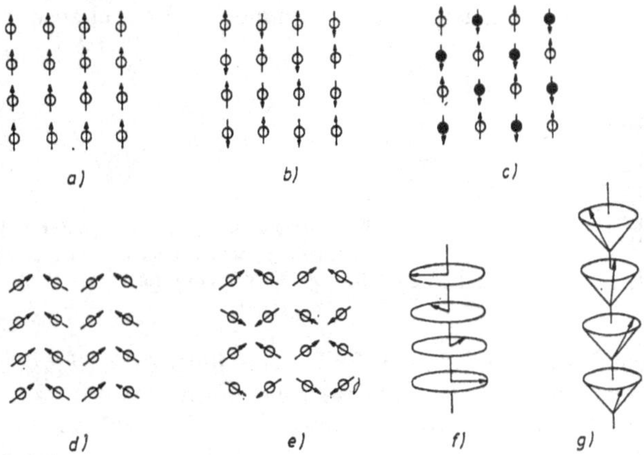

Abb. 33. Verschiedene Formen atomarer magnetischer Strukturen

zu Null. θ bezeichnet man dabei als Curie-Temperatur der Substanz. Für $T \geqq \theta$ existiert keine spontane Magnetisierung mehr, und der ferromagnetische Körper geht in den paramagnetischen Zustand (mit einigen Besonderheiten in den Eigenschaften) über.

Abb. 34 zeigt die typische $I(T)$-Abhängigkeit für eine einzelne Domäne. Der Zustand der absoluten Sättigung, der bei $T = 0$ realisiert ist, erweist sich als der Zustand mit der niedrigsten Energie. Bei Temperaturerhöhung führt jede Zerstörung der magnetischen Ordnung, die durch ein Umklappen des magnetischen Spinmomentes irgendeines Ions hervorgerufen wird, zu einer Vergrößerung der Energie des Systems. Als Folge geht das System in einen angeregten Zustand über. Solche Störungen der magnetischen Ordnung sind nicht an einem bestimmten Ort lokalisiert. Sie können sich im Kristall ähnlich einer Welle fortbewegen. Diese Wellen erhielten die Bezeichnung *Spinwellen*.

Für eine quantenphysikalische Behandlung kann man die Spinwellen mit Quasiteilchen vergleichen, die eine bestimmte Energie besitzen und als *Ferromagnonen* bezeichnet werden. Ferromagnonen zeigen ebenso wie

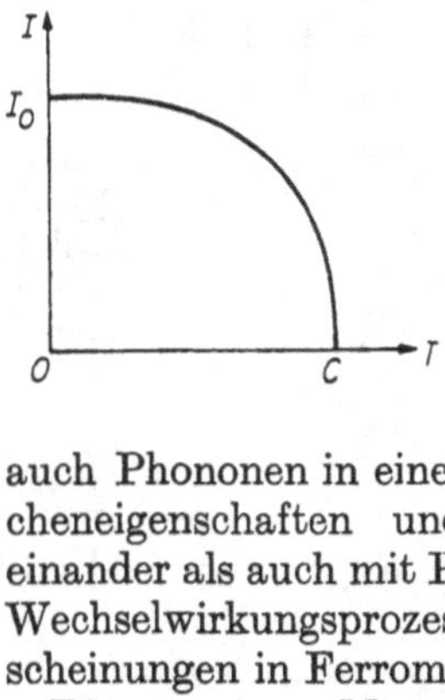

Abb. 34.
Temperaturabhängigkeit der spontanen Magnetisierung einer ferromagnetischen Domäne ($C = \theta$ CURIE-Temperatur)

auch Phononen in einer Reihe von Fällen deutlich Teilcheneigenschaften und wechselwirken sowohl untereinander als auch mit Phononen. Eine Betrachtung dieser Wechselwirkungsprozesse gibt die Möglichkeit, viele Erscheinungen in Ferromagnetika zu verstehen.

Die spontane Magnetisierung beeinflußt viele nichtmagnetische Eigenschaften der Ferromagnetika (elektrische, thermische, optische, mechanische und andere). Zum Beispiel werden charakteristische Besonderheiten des elektrischen Widerstandes ferromagnetischer Körper durch die Wirkung der inneren Elektronen, die für den Ferromagnetismus verantwortlich sind, auf die Leitungselektronen bestimmt.

Interessant ist die Frage, warum ein Magnetfeld, das fast keinen Einfluß auf die Magnetisierung der einzelnen Domänen ausübt (da die Spins unter der Wirkung der weitaus stärkeren Austauschkräfte orientiert sind), eine starke Änderung der Gesamtmagnetisierung der ferromagnetischen Probe hervorruft (siehe Abb. 31a). Die Ursache liegt darin, daß ein Magnetfeld ohne merkliche Änderung der Magnetisierung der Domänen den Charakter der Domänenstruktur bedeutend verändert. Man unterscheidet drei grundlegende Prozesse, die im ferromagnetischen Körper bei Erhöhung der Feldstärke H ablaufen. Zunächst ist bei kleinen Feldern eine Verschiebung der Wände zwischen den Domänen zu beobachten. Dabei vergrößern sich diejenigen Domänen, deren Magnetisierungsrichtung der Richtung des H-Feldes möglichst nahe kommt. Das geschieht auf Kosten von Nachbardomänen, deren Magnetisierungsrichtung stark von der Feldrichtung abweicht.

Bei stärkeren Feldern wird ein Drehprozeß zum dominierenden Faktor. Die Magnetisierungsrichtungen aller Domänen werden in die Richtung des Magnetfeldes gedreht. Wenn der Drehprozeß vollständig abgelaufen ist, besitzen alle Domänen die gleiche Magnetisierungsrichtung, die mit der Richtung des äußeren Feldes zusammenfällt. Von diesem Moment an ist der Körper homogen magnetisch, d. h., die Domänenstruktur verschwindet. Die Magnetisierung ist dann gleich der Magnetisierung jeder einzelnen Domäne. Damit ist auch die technische Sättigung erreicht ($I = I_s$), weil mit Vergrößerung von H die Magnetisierung nur noch geringfügig zunimmt. Dieser Magnetisierungszuwachs ist mit einem dritten Prozeß verknüpft, dem sogenannten *Paraprozeß*. Der Paraprozeß besteht in einem schrittweisen Ausrichten der bei einer endlichen Temperatur des Systems nicht völlig exakt orientierten Spinmomente im Magnetfeld. Bei weiterem Anwachsen von H nähert sich die Magnetisierung dem Wert der absoluten Sättigungsmagnetisierung I_0. Die Gebiete der Magnetisierungskurve, die den drei aufgezeigten Prozessen entsprechen, sind in Abb. 31a mit römischen Ziffern I—III bezeichnet.

Der komplizierte Charakter der Magnetisierungsprozesse ferromagnetischer Materialien bedingt vielfältige Verfahren zur Herstellung von Werkstoffen mit bestimmten Eigenschaften, wie sie für verschiedene Zwecke gebraucht werden. Das betrifft sowohl magnetische als auch einige andere Eigenschaften.

In einigen Übergangsmetallen entsteht bei Temperaturerniedrigung ein magnetischer Zustand besonderer Art, der *Antiferromagnetismus*. Zu den Antiferromagnetika gehören Cr, Mn und einige Selten-Erd-Metalle, aber auch eine Reihe Verbindungen und Legierungen. Der antiferromagnetische Zustand wird ebenso wie der ferromagnetische durch die Wirkung der quantenphysikalischen Austauschkräfte hervorgerufen. Diese Kräfte besitzen jedoch einen anderen Charakter als im ferromagnetischen Zustand. Sie rufen eine typische Orientierung der magnetischen Spinmomente der Elektronen in den nichtabgeschlossenen Elektronenschalen zueinander hervor.

In Ferromagnetika sind beim absoluten Temperaturnullpunkt die magnetischen Spinmomente der nichtabgeschlossenen Elektronenschalen der Ionen parallel angeordnet. In antiferromagnetischen Substanzen beobachtet man unter gleichen Bedingungen im einfachsten Fall eine antiparallele Orientierung jeweils benachbarter Spins. Eine solche atomare magnetische Ordnung ist für eine Atomebene in Abb. 33b dargestellt.

Die „nach oben“ und „nach unten“ gerichteten magnetischen Spinmomente bilden hier eine Art „Schachbrettordnung“. Es liegt eine geordnete Struktur vor, ähnlich der, die bei der Anordnung von Atomen zweier Sorten in geordneten Legierungen anzutreffen ist. Bei einer antiferromagnetischen Ordnung ist es auch möglich, zwei Untergitter zu konstruieren. Die magnetischen Momente besitzen in jedem der beiden Untergitter für sich eine einheitliche Orientierung. Jedes Untergitter ist bei $T = 0$ bis zur Sättigung magnetisiert, analog zu den Verhältnissen im Gitter eines Ferromagneten. Da jedoch diese Untergitter ineinandergesetzt sind und eine betragsmäßig gleiche, aber entgegengesetzt gerichtete Magnetisierung aufweisen, entsteht kein resultierendes magnetisches Moment des gesamten Kristalls. Bei Erhöhung der Temperatur zerstört die Wärmebewegung die magnetische Ordnung, die bei einer bestimmten Temperatur schließlich ganz verschwindet. Dabei geht auch die einheitliche Magnetisierung der Untergitter verloren.

Es gibt auch antiparallele magnetische Strukturen, in denen sich die Magnetisierungen der Untergitter nicht völlig kompensieren. Substanzen eines solchen Typs erhielten die Bezeichnung *unkompensierte Antiferromagnetika* oder *Ferrimagnetika*. Der unkompensierte Antiferromagnetismus oder Ferrimagnetismus wird hauptsächlich in nichtmetallischen Kristallen beobachtet, die in ihren magnetischen Eigenschaften den gewöhnlichen Ferromagnetika nahekommen. Die Spinordnung der Ferrimagnetika ist in Abb. 33c schematisch dargestellt. Die hellen und dunklen Kreise entsprechen den Gitterplätzen der beiden unterschiedlichen Untergitter. In solchen Körpern ist entweder die Zahl der Gitterplätze für die verschiedenen Untergitter nicht gleich oder (wie es Abb. 33c zeigt) sie sind besetzt mit Ionen, die sich in ihren Eigenschaften unterscheiden: Beide Ionensorten besitzen verschiedene magnetische Momente, was dann eine unvollständige Kompensation der Untergittermagnetisierungen bewirkt.

Bisher wurden Substanzen mit den einfachsten Fällen einer atomaren magnetischen Ordnung (Abb. 33a—c) betrachtet, in denen die magnetischen Spinmomente der Elektronen entlang einer Geraden liegen (kollinear) und entweder parallel oder in zwei Untergittern antiparallel ausgerichtet sind. Daneben existieren auch geordnete magnetische Strukturen mit einer komplizierteren Struktur. In einigen Festkörpern bilden die Magnetisierungen der Untergitter Winkel, die von 0° und 180° abweichen (nichtkollineare atomare magnetische Strukturen). Derartige Strukturen sind in den Abb. 33d und e dargestellt. Abb. 33d zeigt eine schwach ferromagnetische Struktur, die magnetischen Momente kompensieren sich hier nicht vollständig. Abb. 33e soll eine antiferromagnetische nichtkollineare Anordnung der Spinmomente verdeutlichen, die Gesamtmagnetisierung ist Null. Es sind auch Stoffe bekannt, in denen sich beim Fortschreiten von einem Gitterplatz des Kristalls zum nächsten entlang einer ausgezeichneten Gittergeraden die magnetischen Momente um einen bestimmten Winkel drehen. Der magnetische Vektor kann dabei entweder senkrecht zur Translationsrichtung liegen (Abb. 33f) oder mit ihr einen konstanten Winkel bilden, der von 90° verschieden ist (Abb. 33g). In diesen Fällen beschreiben die Endpunkte der Vektoren der magnetischen Momente eine Schraubenlinie um die ausgewählte Gitterrichtung. Die diese Vektoren charakterisierenden Pfeile liegen auf einer Schraubenfläche, die sich ähnlich einer Wendeltreppe um die genannte Achse windet. Neben den hier erwähnten existieren noch weitaus kompliziertere magnetisch geordnete Strukturen.

Zur Bestimmung der Kristallstruktur von Metallen und Legierungen werden bekanntlich Röntgenfeinstrukturmethoden herangezogen. Diese Methoden beruhen auf der Beugung der Röntgenstrahlen an den Atomen oder Ionen, die das Gitter aufbauen. Für die Untersuchung des Aufbaus magnetisch geordneter Strukturen erweisen sich dagegen Neutronenstrahlen als geeignet. Beim Durchgang eines Bündels langsamer Neutronen durch einen Kristall kommt es ebenfalls zu Beugungserscheinungen. Die Neutronen besitzen aber im Unterschied zu den Röntgenquanten ein magnetisches Moment. Das magnetische Moment der Neutronen tritt mit den magnetischen Momenten der Ionen des Kristallgitters in Ferro- oder Antiferromagnetika in Wechselwirkung. Das Beugungsbild der Neutronen liefert deshalb Informationen sowohl über die Gitter- als auch die magnetische Struktur der Kristalle. Mit dieser Methode wurde auch der Beweis für die Existenz verschiedener antiferromagnetischer Strukturen erbracht und die Verteilung und Orientierung der magnetischen Momente in diesen Strukturen bestimmt.

Zur Erklärung ferromagnetischer und antiferromagnetischer Erscheinungen muß man eine Wechselwirkung zwischen den Elektronen berücksichtigen. Für eine theoretische Behandlung des Ferro- und Antiferromagnetismus ist es also notwendig, das bereits beschriebene Elektronenmodell des Metalls zu erweitern und zu präzisieren. Bisher wurde immer ein System betrachtet, das aus positiv geladenen Atomrümpfen (Ionen) und freien Elektronen besteht, wobei die innere Struktur der Ionen keine Beachtung fand. Zur Erklärung einer spontanen Magnetisierung muß dagegen die Existenz wechselwirkender Elektronen, die sich in den ungefüllten Schalen der Elektronenhülle der Ionen befinden und unkompensierte magnetische Momente besitzen, berücksichtigt werden. Der Sachverhalt wird noch dadurch kompliziert, daß es für bestimmte ferromagnetische Strukturen notwendig ist, einen gewissen „Kollektivierungsgrad" dieser Elektronen anzunehmen. Die für den Ferromagnetismus verantwortlichen Elektronen der inneren unabgeschlossenen Schalen beteiligen sich in bestimmtem Umfang zusammen mit den Valenzelektronen an der Bildung eines beweglichen kollektiven Systems der Leitungselektronen.

3.8. Supraleitung

Die Supraleitung gehört zu den interessantesten und ungewöhnlichsten Erscheinungen der Festkörperphysik. Dieser Effekt, der nur bei sehr tiefen Temperaturen in der Nähe des absoluten Nullpunktes beobachtet wird, besaß lange Zeit keine praktische Bedeutung, obwohl das Interesse für dieses Phänomen nie abriß. In den letzten Jahren änderte sich die Situation jedoch einschneidend, und zwar im Zusammenhang mit der Entdeckung einer Reihe wichtiger praktischer Anwendungsmöglichkeiten. Heute kann man deshalb schon von der Herausbildung eines neuen Gebietes der technischen Physik sprechen, das alle diese Anwendungsmöglichkeiten supraleitender Metalle und Legierungen vereinigt.

Die Erscheinung der Supraleitung wurde im Jahre 1911

von dem holländischen Physiker KAMMERLINGH-ONNES entdeckt. Er stellte fest, daß der elektrische Widerstand von Quecksilber bei einer Temperatur von etwa 4 K plötzlich verschwindet. Das Quecksilber zeigt unterhalb dieser Temperatur eine unendlich große elektrische Leitfähigkeit. Das Phänomen der Supraleitung wurde bei vielen reinen Metallen (Hg, Zn, Al, Pb, Tl, Sn, In, Cd, Nb, Ti, V, Os, Th, U und andere), aber auch bei einer großen Zahl von Verbindungen und Legierungen nachgewiesen. Der elektrische Widerstand verschwindet bei einer charakteristischen Temperatur T_k, die als *kritische Temperatur* bezeichnet wird und für die verschiedenen Metalle unterschiedlich ist. Die bekannten kritischen Temperaturen liegen zwischen Null und etwa 20 K. Eine der höchsten bekannten kritischen Temperaturen ($T_k = 18$ K) besitzt die intermetallische Verbindung Nb_3Sn.

Beim Übergang in den supraleitenden Zustand geht sowohl der temperaturabhängige Teil des elektrischen Widerstandes ϱ_1 als auch der Restwiderstand ϱ_2 (Kurve 3 in Abb. 24) gegen Null. Ein elektrischer Strom, der in einem supraleitenden Ring induziert wurde, erfährt dabei keinen Widerstand und kann ohne merkliche Schwächung sehr lange Zeit fließen. Das Experiment zeigt, daß die Stromstärke in einem supraleitenden Ring im Verlauf eines Jahres praktisch nicht abnimmt.

Neben dem Verschwinden des elektrischen Widerstandes wird eine andere fundamentale Eigenschaft der Supraleiter in nicht zu starken Magnetfeldern beobachtet. Es zeigt sich nämlich, daß die magnetischen Feldlinien in den Supraleiter nicht eindringen können. Diese Erscheinung ist als MEISSNER-*Effekt* bekannt. Eine Ausnahme bildet dabei eine sehr dünne Oberflächenschicht. Ihre Dicke, die als *Eindringtiefe* bezeichnet wird, liegt gewöhnlich in der Größenordnung von $10^{-7}-10^{-8}$ m.

In Abb. 35 ist schematisch in qualitativer Weise der Kraftlinienverlauf der magnetischen Induktion um eine supraleitende Probe dargestellt. Abb. 35a zeigt den Fall, daß sich die schwach magnetische Probe im normalleitenden Zustand befindet. Hierbei durchdringen die Feldlinien das Probeninnere. Beim Übergang der Probe in den supraleitenden Zustand (Abb. 35b) werden die Feldlinien aus dem Körper „herausgedrängt". Die magnetische Induktion im Innern ist gleich Null. Das bedeutet, daß sich ein solcher Supraleiter wie ein Körper mit einer magnetischen Permeabilität $\mu = 0$ verhält (zum Begriff siehe Abschn. 3.6.). Folglich kann man, da μ mit der magnetischen Suszeptibilität durch $\mu = 1 + \varkappa$ verknüpft ist, diesen Supraleiter als einen Diamagneten mit einer betragsmäßig sehr großen magnetischen Suszeptibilität ($\varkappa = -1$) betrachten.

Der außerordentlich starke Diamagnetismus der Supraleiter gestattet es, einen sehr effektvollen Versuch durch-

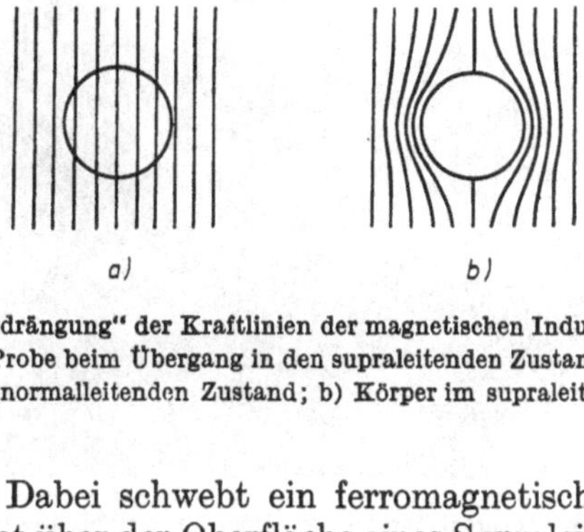

Abb. 35. „Verdrängung" der Kraftlinien der magnetischen Induktion aus einer Probe beim Übergang in den supraleitenden Zustand
a) Körper im normalleitenden Zustand; b) Körper im supraleitenden Zustand

zuführen. Dabei schwebt ein ferromagnetischer Permanentmagnet über der Oberfläche eines Supraleiters frei im Raum. Beide Magnetpole erfahren durch die Wechselwirkung mit dem Supraleiter nicht etwa Anziehungskräfte (wie mit einem Eisenkörper), sondern stehen unter dem Einfluß abstoßender Kräfte. Abb. 36 zeigt eine Fotografie eines kleinen Permanentmagneten, der im Raum über einer Bleischale schwebt, die sich im supraleitenden Zustand befindet. Aufhängevorrichtungen dieser Art, die ohne mechanische Stütze und ohne Reibung auf der Grundlage des Supraleitungseffektes konzipiert sind, gewinnen in der heutigen Zeit ein wachsendes praktisches Interesse.

Die Supraleitung wird sowohl bei Temperaturerhöhung über eine kritische Temperatur T_k hinaus als auch bei Vergrößerung der Feldstärke eines äußeren Magnetfeldes über einen Wert H_k zerstört. Dieser Grenzwert H_k, die sog. *kritische Feldstärke*, ist temperaturabhängig, sie sinkt mit dem Anwachsen der Temperatur und geht für

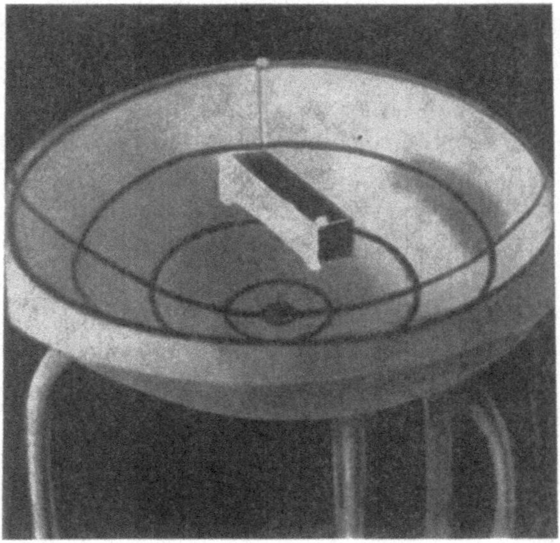

Abb. 36. Permanentmagnet, der frei im Raum über einer supraleitenden Bleischale schwebt

$T = T_k$ gegen Null. In Abb. 37 ist für einige Metalle die $H_k(T)$-Abhängigkeit graphisch dargestellt. Der Supraleitungseffekt kann auch zerstört werden, wenn durch einen Draht des supraleitenden Metalles ein genügend hoher Strom geschickt wird. In diesem Fall verschwindet der supraleitende Zustand unter dem Einfluß des Magnetfeldes dieses Stromes, das an der Drahtoberfläche den kritischen Wert H_k erreicht.

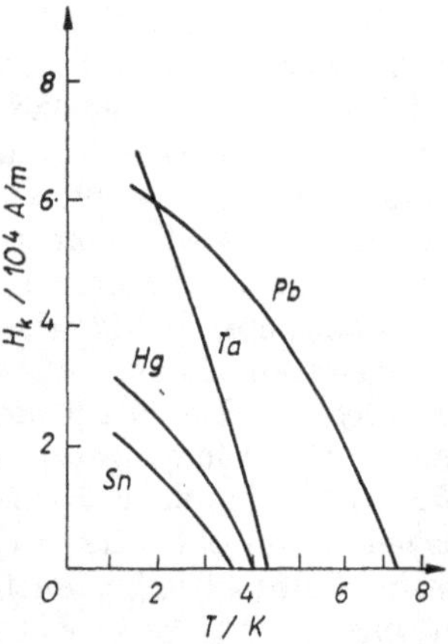

Abb. 37.
Abhängigkeit der kritischen Feldstärke H_k von der Temperatur T für Ta, Pb, Hg und Sn

In Metallen mit hoher Fehlstellenkonzentration (die z. B. durch eine starke plastische Verformung erzeugt wurde) und in Legierungen unterscheidet sich der Übergang vom normalleitenden in den supraleitenden Zustand in charakteristischer Weise von dem reiner Substanzen. Bei solchen Stoffen erfolgt der Abfall des spezifischen elektrischen Widerstandes in einem gewissen Temperaturintervall. Abb. 38 zeigt die Temperaturabhängigkeit des elektrischen Widerstandes eines hochreinen Zinnein-

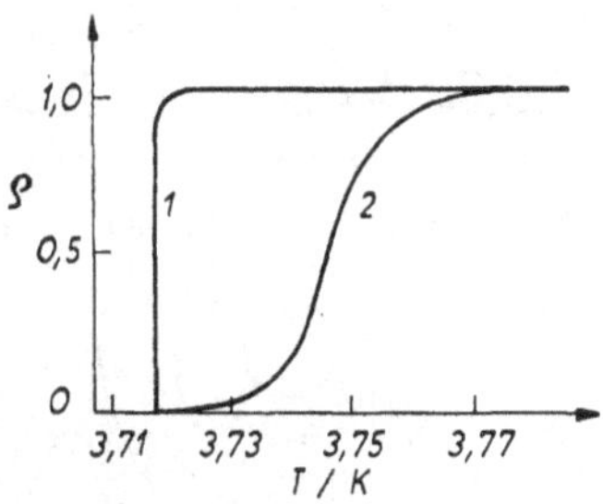

Abb. 38. Der Verlauf des spezifischen elektrischen Widerstandes ϱ (in willkürlichen Einheiten) in Abhängigkeit von der Temperatur T beim Übergang eines hochreinen Zinneinkristalles (1) und eines verunreinigten Zinnpolykristalles (2) in den supraleitenden Zustand

kristalles und einer polykristallinen Zinnprobe, die Verunreinigungen enthält. Man sieht deutlich, daß durch Gitterdefekte und durch Fremdatome das Temperaturintervall anwächst, in dem der elektrische Widerstand abfällt und die Probe den supraleitenden Zustand erreicht. Der scharfe Übergang verliert sich auch in einem äußeren Magnetfeld. Dabei kann in einigen Substanzen das äußere Magnetfeld in einem bestimmten Feldstärkeintervall teilweise in den Supraleiter eindringen, ohne die Supraleitung zu zerstören. In diesen Gebieten gilt der MEISSNER-Effekt dann nicht mehr. Das Eindringen des Magnetfeldes in den Supraleiter ist von einer Reihe interessanter Erscheinungen begleitet. Es entstehen die Probe durchziehende magnetische Flußschläuche, auch Fluxoide genannt. Die magnetische Feldstärke erreicht in den Zentren dieser Flußschläuche ihren größten Wert. Sie fällt in einem schmalen Saum, dessen Dicke der Eindringtiefe entspricht, auf Null ab. Bei Erhöhung der Feld-

Abb. 39. Verlauf der Stromlinien in einer regelmäßigen Anordnung von Flußschläuchen (diese stehen senkrecht auf der Zeichenebene)

stärke des äußeren Feldes nähern sich die Flußschläuche einander, wobei sich eine regelmäßige periodische Struktur ausbilden kann. In jedem Flußschlauch fließen Ströme konzentrisch zur Achse. Jeder Fluxoid verhält sich ähnlich wie eine kleine Magnetspule.

Die Verteilung der Ströme in einer regelmäßigen Flußschlauchanordnung ist in Abb. 39 schematisch dargestellt. Entlang einer Stromlinie ist die Magnetfeldstärke jeweils konstant, sie nimmt mit zunehmender Entfernung vom Zentrum des Flußschlauches ab. Der experimentelle Nachweis derartiger *Flußschlauchstrukturen* gelang erst in den letzten Jahren mit Hilfe der Neutronenbeugung.

Es ist bemerkenswert, daß der magnetische Fluß in jedem Flußschlauch vollkommen gleich ist, er beträgt $2{,}06 \cdot 10^{-7}$ Vs. Darin äußert sich der quantenphysikalische Charakter dieser Erscheinung. Diese Elementargröße des Magnetflusses erhielt die Bezeichnung *Flußquant*. Aus diesem Zusammenhang folgt eine für Supraleiter wesentliche Eigenschaft: Der Magnetfluß kann in ihnen nicht beliebige Werte annehmen, sondern ist auf ein bestimmtes diskretes Spektrum beschränkt. Zum Beispiel kann die Stromstärke in einem supraleitenden Ring (oder in einem Hohlzylinder) nur solche Werte annehmen, bei denen die Größe des den Ring durchsetzenden magnetischen Flusses Φ gleich $n\Phi_0$ ist. Dabei sind n eine ganze Zahl und Φ_0 das erwähnte Flußquant. Für Φ_0 gilt $\Phi_0 = hc/2e = 2{,}06 \cdot 10^{-7}$ Vs (h — PLANCKsche Konstante, c — Lichtgeschwindigkeit, e — Ladung des Elektrons).

Es ist gelungen, die Größe des Magnetfeldes, das nur durch ein Flußquant Φ_0 hervorgerufen wird, experimentell zu messen. Bei diesen Versuchen wurde tatsächlich beobachtet, daß der magnetische Fluß durch einen Hohlzylinder seinen Wert entsprechend der angeführten Formel nur sprunghaft ändern kann. Das Besondere dieser Experimente besteht darin, daß sich hier in einem makroskopischen Versuch die Möglichkeit bietet, die PLANCKsche Konstante h zu messen (allerdings nur mit einer relativ geringen Genauigkeit). Bisher wurde die PLANCKsche Konstante immer in Experimenten atomaren, „mikroskopischen" Charakters ermittelt.

Für supraleitende Legierungen und für Supraleiter mit verzerrtem Kristallgitter ergeben sich teilweise sehr hohe kritische Magnetfelder H_k. Dabei muß betont werden, daß vom Gesichtspunkt einer praktischen Anwendung her die Suche nach Supraleitern mit hohen T_k- und H_k-Werten eine außerordentlich wichtige Aufgabe ist. Eine hohe kritische Feldstärke H_k gestattet es, supraleitende Magnete herzustellen. Das sind Magnetspulen bzw. Elektromagnete mit supraleitenden Wicklungen. Der in einer solchen Spule kreisende Strom fließt praktisch beliebig lange Zeit ohne eine von außen angelegte Spannung. Der Suprastrom baut ein Magnetfeld auf, das allerdings die kritische Feldstärke H_k nicht übersteigen darf, da sonst der supraleitende Zustand zerstört wird. Gegenwärtig kann man Werkstoffe mit H_k-Werten, die größer als 10^7 A/m sind, herstellen. Aus solchen Substanzen, z. B. Nb_3Sn und anderen intermetallischen Verbindungen, wurden Magnetspulen gefertigt, in denen sich ohne äußere Einspeisung Magnetfelder von größenordnungsmäßig 10^7 A/m mit hoher Konstanz aufrechterhalten lassen. In Supraleitern, die spezielle Inhomogenitäten enthalten, sind auch sehr hohe Stromdichten (bis zu 10^9 A/m^2) erreichbar. In dünnen supraleitenden Schichten sind sogar Stromdichten bis $10^{11}-10^{12}$ A/m^2 möglich.

Es ist eine der schwierigsten Aufgaben der modernen Werkstofforschung, Stoffe mit kritischen Temperaturen zu entwickeln, die bedeutend höher sind als die der bisher bekannten. In diesem Zusammenhang wird in der Literatur die Möglichkeit eines Supraleitungseffektes in bestimmten organischen Molekülen diskutiert. Diese Moleküle bestehen aus sehr langen Atomketten mit seitlichen Verzweigungen. Prinzipiell sollte es möglich sein, in solchen Systemen kritische Temperaturen bis 1000 K zu erreichen. Jedoch soll nicht verschwiegen werden, daß es andererseits ernsthafte Einwände gegen die mögliche Existenz von Supraleitern mit derart hohen Sprungtemperaturen T_k gibt. Übrigens sind gewisse Dünnschichtanordnungen und sogar räumliche Systeme möglich, in denen vom theoretischen Standpunkt aus Supraleitung verbunden mit hohen kritischen Temperaturen erwartet werden sollte. Für das Problem der Herstellung von Substanzen, die auch bei höheren Temperaturen noch supraleitend sind, ist außerdem die experimentell festgestellte Erhöhung der kritischen Temperatur dünner supraleitender Schichten bei Verringerung der Schichtdicke von Interesse.

Die Supraleitung gehört zu den wenigen Erscheinungen, die lange Zeit keine theoretische Erklärung fanden, obwohl sie experimentell hinreichend gut untersucht waren. Der Supraleitungseffekt wurde fast ein halbes Jahrhundert lang nicht verstanden; erst in den Jahren 1957/58 schufen D. BARDEEN, L. COOPER und D. SCHRIEFFER in den USA sowie N. N. BOGOLJUBOW in der Sowjetunion eine mikroskopische Theorie dieses Phänomens.

Um die Grundlage dieser Theorie wenigstens etwas verständlich zu machen, soll zunächst die von P. L. KAPITZA entdeckte Superfluidität des flüssigen Heliums betrachtet werden. Diese Erscheinung besteht darin, daß flüssiges Helium bei Temperaturen unter 2,17 K ohne jede Reibung durch enge Öffnungen und Kapillaren fließt.

Wie theoretische Untersuchungen zeigten, kann Superfluidität nur in Systemen auftreten, die aus Teilchen mit ganzzahligem Spin bestehen (wie die Atome des schweren Heliumisotops He^4). Da Elektronen einen halbzahligen Spin besitzen, ist diese Erscheinung in Systemen, die unmittelbar aus einzelnen Elektronen bestehen, nicht möglich. Falls sich jedoch die Elektronen unter dem Einfluß irgendwelcher Anziehungskräfte paarweise zusammenlagern, wäre der Gesamtspin jedes Paares ganzzahlig. In Systemen, die aus derartigen Paaren aufgebaut sind, ist dann Superfluidität möglich; sie würde einem Stromfluß ohne Widerstand entsprechen, d. h. eine Art Supraleitung darstellen. Die Elektronen besitzen aber alle die gleiche negative Ladung und stoßen sich deshalb ab. Welche Ursachen können nun zu einer gegenseitigen Anziehung führen? Eine genaue Analyse zeigt, daß zwischen den Metallelektronen weitere Kräfte wirken, die durch die Ionen des Kristallgitters hervorgerufen werden. Stark vereinfacht kann man sagen, daß ein Elektron auf die in seiner Umgebung schwingenden positiven Ionen elektrische Kräfte ausübt. Am Aufenthaltsort eines Elektrons erhöht sich dadurch die positive Ladungsdichte. Ein zweites Elektron, das seinerseits auch die positiven Ionen in seiner Nachbarschaft verschiebt, wird von der effektiven positiven Ladung am Ort des ersten Elektrons angezogen und umgekehrt. Als Resultat entsteht eine auf die Elektronen wirkende Anziehungskraft, ihre Ursache ist an die Existenz der Gitterionen geknüpft.

Diese Anziehungskraft ist bei genügend tiefen Temperaturen in der Lage, die Elektronen zu Paaren zu vereinigen und den Supraleitungseffekt hervorzurufen. Steigt die Temperatur über einen kritischen Wert, zerstört die

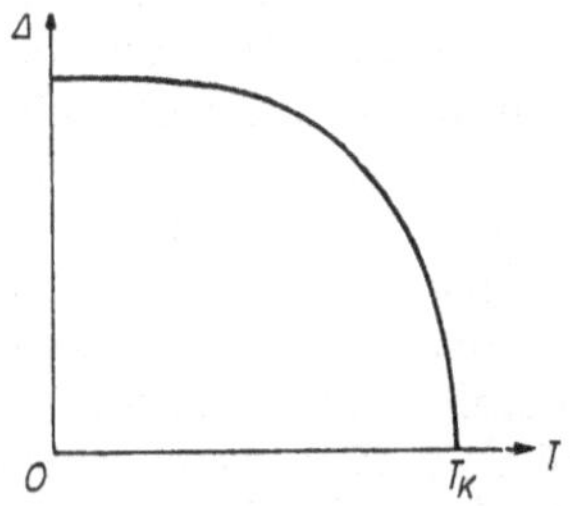

Abb. 40.
Abhängigkeit der Breite der Energielücke Δ in Supraleitern von der Temperatur T

thermische Anregung die Paare, die Supraleitung verschwindet und das Metall wird normalleitend. Es muß jedoch nochmals betont werden, daß hier nur ein stark vereinfachtes Modell dieser Erscheinung gegeben wurde; die realen Verhältnisse sind weitaus komplizierter.

Zum Auseinanderreißen der Elektronenpaare ist ein bestimmter Energiebetrag erforderlich. Daraus folgt, daß die Energie des Elektronensystems im supraleitendem Zustand geringer ist als im normalleitenden; der Differenzbetrag wird als Energielücke bezeichnet. Die Breite dieser Lücke wird von der Temperatur bestimmt, bei $T = T_k$ geht sie gegen Null. Abb. 40 zeigt die Abhängigkeit der Breite der Energielücke Δ von der Temperatur T.

In jüngster Zeit wurde eine Supraleitung auch bei einigen Halbleitern beobachtet, z. B. in Germaniumtellurid und in Strontiumtitanat. Jedoch kommen im Energiespektrum der Elektronen dieser Stoffe eher metallische als Halbleitereigenschaften zum Ausdruck. Diese Substanzen können durchaus zu den extremen Typen metallischen Charakters gerechnet werden.

Wie bereits erwähnt, wird die Supraleitung erst in der heutigen Zeit in der Technik angewandt. Außer den bereits oben angeführten Beispielen (Magnete, Aufhängevorrichtungen) können solche Geräte wie Gleichrichter, Modulatoren, Kommutatoren, Bolometer, Galvanometer, Magnetbänder, verschiedene Elemente in elektronischen Rechenmaschinen u. a. auf Supraleiterbasis aufgebaut werden. Bestimmte Schaltelemente in Rechenmaschinen, sog. Kryotrons, nutzen das Verschwinden der Supraleitung im Magnetfeld aus. Diese Bauelemente, z. B. in Form von Schichtkryotrons, ermöglichen es, die Abmessungen von Rechenanlagen bedeutend zu verkleinern und ihre Arbeitsgeschwindigkeit zu erhöhen. Einstweilen lassen sich noch nicht alle Entwicklungsperspektiven der Technik detailliert übersehen, die mit einer evtl. möglichen Herstellung von Supraleitern hoher Sprungtemperatur verbunden sind. Diese würden keine solch großen und aufwendigen Kryoanlagen erfordern, wie sie für die zur Zeit bekannten Supraleiter notwendig sind. Aus Supraleitern mit hohen kritischen Temperaturen könnten große Magnetfelderzeuger aufgebaut werden, die eine breite Anwendung finden würden, beispielsweise in Anlagen zur Durchführung einer gesteuerten thermischen Kernreaktion und in Teilchenbeschleunigern. Mit Hilfe dieser Supraleiter wäre es möglich, neue Typen von Elektromagneten, Elektromotoren und anderen elektrischen Geräten herzustellen. Es ist denkbar, daß in der

Zukunft der Begriff Leistungsverlust bei der Übertragung von Elektroenergie aus den elektrotechnischen Handbüchern verdrängt wird.

3.9. Innere Magnetfelder in Ferro- und Antiferromagnetika; Mößbauer-Effekt

In diesem Abschnitt soll eine interessante Erscheinung beschrieben werden, die in ferro- und antiferromagnetischen Stoffen auftritt. Es handelt sich dabei um die Existenz sehr starker innerer Magnetfelder, die auf die Atomkerne wirken. Damit sind nicht die mittleren Magnetfelder im Festkörper gemeint, sondern lokale Felder in den Gebieten, in denen sich die Atomkerne befinden. Der Nachweis, die Messung der Stärke und die Bestimmung der Richtung dieser Felder wurde in letzter Zeit besonders einfach durch die Anwendung eines neuen Effektes. Dieser wurde von R. Mössbauer im Jahre 1958 entdeckt und ist nach ihm benannt. Unabhängig davon wurden die Felder auch mit anderen Methoden untersucht, z. B. mit Resonanzexperimenten (magnetische Kernresonanz und andere). Der Mössbauer-Effekt besteht in der Emission oder Absorption von γ-Quanten durch die Atomkerne des Festkörpers, wobei sich die innere Energie des Körpers nicht ändert.

Die Atomkerne, die aus Protonen und Neutronen bestehen, sind ebenso wie auch die Atome quantenphysikalische Systeme. Ihre Energie kann nur bestimmte diskrete Werte annehmen, d. h., das Energiespektrum der Kerne enthält auch nur diskrete Energieniveaus. Die Kerne sind, wie auch Atome (siehe Abschn. 1.1.), in der Lage, verschiedene Energiezustände einzunehmen. Sie können durch Absorption oder Emission von Photonen, die in diesem Fall γ-Quanten sind, von einem Energieniveau in ein anderes übergehen. Bei der Absorption eines Photons erfolgt ein Übergang des Kernes von einem tieferliegenden Niveau in ein höherliegendes. Der umgekehrte Fall tritt bei der Emission auf. Die Energie des Photons $\varepsilon = h \cdot \nu$ (ν ist die Frequenz der γ-Strahlung) stimmt gemäß dem Energieerhaltungssatz mit der Energieänderung des Kernes überein.

Der diskrete Aufbau der Energieniveaus des Kernes führt zu einem linienhaften Charakter der entsprechenden γ-Spektren. Es zeigt sich jedoch, daß die Linien eines solchen Spektrums i. allg. nicht sehr scharf sind. Sie entsprechen also nicht einer genau definierten Frequenz, sondern besitzen eine bestimmte Breite. Beim Übergang zwischen gegebenen Niveaus besitzen die von verschiedenen Kernen abgestrahlten γ-Quanten etwas unterschiedliche Frequenzen. Diese liegen in einem bestimmten Intervall, das als Breite der Spektrallinie bezeichnet wird. Die Ursache dieser Linienunschärfe liegt darin, daß die Energieniveaus selbst nicht völlig scharf sind, sondern etwas verschmiert.

Daneben existieren Atomkerne, die außerordentlich scharfe Emissionslinien liefern. Zum Beispiel ist für das oft in diesem Zusammenhang angewandte Fe^{57}-Isotop die Energie der abgestrahlten γ-Quanten 14400 eV. Die Streuung in den Energien der γ-Quanten, die der Breite der Emissionslinie entspricht, liegt dabei in der Größenordnung 10^{-8} eV. Das Verhältnis der Streubreite zur Energie des Quants ist etwa $1 : 10^{12}$, d. h. außerordentlich klein.

Die von einem Kern emittierten γ-Quanten können von anderen Kernen absorbiert werden. Dabei wird eine sogenannte *Resonanzabsorption* der γ-Quanten beobachtet. Diese ist dadurch gekennzeichnet, daß die Absorptionswahrscheinlichkeit stark von der Energie der Quanten und folglich auch von ihrer Frequenz abhängt. Die Absorptionswahrscheinlichkeit ist groß für solche γ-Quanten, deren Energie ε gleich der Differenz zwischen den beiden Energieniveaus des Kernes ist (entspricht einem bestimmten Abstand auf der Energieskala), zwischen denen der Übergang stattfindet. Für größere und kleinere Werte von ε nimmt die Absorptionswahrscheinlichkeit sehr stark ab, und praktisch verschwindet sie vollständig. Ein analoger Fall tritt bei erzwungenen Schwingungen mechanischer bzw. elektrischer Systeme auf: Bei Verstimmung zwischen der äußeren Anregungsfrequenz und der Resonanzfrequenz nimmt die Schwingungsamplitude stark ab.

Da die Absorption hauptsächlich in einem bestimmten Frequenzintervall der γ-Strahlung erfolgt, kann man den Begriff der Absorptionslinienbreite einführen, der durch dieses Intervall definiert wird. Die Absorptionslinien können ebenso wie auch die Emissionslinien außerordentlich scharf sein. In diesem Fall ist es für die Beobachtung der Resonanzabsorption unbedingt erforderlich, daß die Frequenzen von Emissions- und Absorptionslinie genau zusammenfallen, nur dann kann offensichtlich die Resonanzbedingung erfüllt werden.

Ein Atomkern, der ein γ-Quant absorbiert, geht in ein höheres Energieniveau über. Dieser angeregte Zustand ist nicht stabil, deshalb wird der Kern wieder ein γ-Quant emittieren, und damit das tieferliegende Energieniveau erreichen. Wenn eine γ-Strahlenquelle mit solchen emittierenden Kernen einen in bestimmten Abstand befindlichen Absorber bestrahlt, dann äußert sich die Resonanzabsorption also nicht nur in einer verstärkten Absorption des auffallenden Bündels, sondern auch in einer Emission von γ-Quanten durch den „Absorber“.

Die Beobachtung der Resonanzabsorption der γ-Strahlen wird oft sehr erschwert. Die Atomkerne zeigen nämlich bei der Emission einen Effekt, der mit dem Vorgang bei einem Geschütz vergleichbar ist, aus dem ein Geschoß abgefeuert wird. Dadurch wird ein Teil der Energie, die beim Übergang des emittierenden Kernes von einem höheren Niveau in ein niedrigeres freigeworden ist, für die Vergrößerung seiner kinetischen Energie verbraucht. Nur der übrigbleibende Anteil wird in Form eines γ-Quants abgestrahlt, dessen Energie (und Frequenz) deshalb kleiner als die Resonanzenergie (-frequenz) ist. Der analoge Effekt spielt auch bei der Absorption eines γ-Quants eine Rolle. Hierbei tritt der Energieverlust dadurch auf, daß der absorbierende Kern ebenfalls kinetische Energie aufnimmt, d. h., für seine Anregung bleibt nur noch ein kleinerer Energiebetrag übrig, als eigentlich in dem zu absorbierenden γ-Quant steckt.

Gewöhnlich verhindern diese Effekte eine Resonanzabsorption. Das gilt auch, wenn die emittierenden und absorbierenden Kerne in gleicher Weise aufgebaut sind. Bekanntlich verringert sich aber bei Vergrößerung der Masse des Körpers die oben beschriebene Energieabgabe. MÖSSBAUER schlug vor, das Experiment an Kernen durchzuführen, die im Kristallgitter fest eingebaut sind. Unter diesen Umständen geht das Gitter als Ganzes mit seiner großen Masse als gestoßenes Objekt in die Energiebilanz ein. Der störende Rückstoßeffekt wird dabei so klein, daß die Resonanzbedingung praktisch erfüllt bleibt.

Die Beobachtung der Resonanzabsorption von γ-Strahlen wird durch eine Abkühlung des Kristalls auf sehr tiefe Temperaturen begünstigt. Unter solchen Bedingungen ist die Emission bzw. die Absorption von γ-Quanten nicht mit einer Änderung der inneren Energie des Festkörpers verbunden, d.h., die Voraussetzungen für den MÖSSBAUER-Effekt sind erfüllt. Dabei werden sehr scharfe Emissions- und Absorptionslinien erhalten, und man kann eine Resonanzabsorption der γ-Strahlen beobachten.

Die Resonanz kann wegen der extrem geringen Linienbreite sehr leicht zerstört werden, z. B. wenn sich die gleichartigen emittierenden und absorbierenden Kerne unter verschiedenen äußeren Bedingungen befinden. Solche äußeren Einflüsse rufen eine geringfügige Energieänderung (Frequenzänderung) der γ-Quanten hervor, die von diesen Kernen abgestrahlt oder absorbiert werden. Auf Grund dessen findet keine Resonanzabsorption mehr statt, und es hört auch die nachfolgende Abstrahlung von γ-Quanten durch das bestrahlte Objekt auf. Der MÖSSBAUER-Effekt dient somit als Grundlage für eine außerordentlich empfindliche Methode zur Bestimmung kleinster Energieverschiebungen, die durch verschiedene auf die Kerne oder das γ-Quant einwirkende Faktoren verursacht werden.

Die Empfindlichkeit dieser Methode kann durch folgendes sehr treffend illustriert werden: Es ist auf diesem Wege unter Laborbedingungen gelungen, den von der allgemeinen Relativitätstheorie vorausgesagten, äußerst kleinen Effekt der Frequenzänderung eines γ-Quants bei seiner Bewegung parallel zur Gravitationskraft experimentell zu bestätigen. Die Ursache der Frequenzänderung liegt darin, daß ein z. B. nach unten fliegendes Photon unter der Wirkung der Schwerkraft seine Energie vergrößert. Die Erhöhung der Energie $\varepsilon = h \cdot \nu$ hat auch eine Zunahme der Frequenz ν zur Folge. Bei der entgegengesetzten Bewegung (nach oben) verringert sich die Energie des Photons und damit seine Frequenz. Zum Nachweis dieses Effektes wurden Quelle und Empfänger vertikal übereinander in einem Abstand von 22 m angeordnet. Das Verhältnis der Energieverschiebung des γ-Photons zu seiner Energie betrug insgesamt $2 \cdot 10^{-15}$. Trotzdem konnte diese Verschiebung mit dem Mössbauer-Effekt gemessen werden.

Im Fall einer Verstimmung der Resonanzbedingung durch Änderung der Absorptions- oder Emissionsfrequenz gelingt es, die Resonanz in einfacher Weise wiederherzustellen. Dazu ist es nur erforderlich, daß die Quelle oder der Empfänger sich mit einer bestimmten Geschwindigkeit entlang ihrer Verbindungslinie bewegen. Infolge des Doppler-Effektes tritt ebenfalls eine Frequenzänderung auf. Durch geeignete Wahl der Geschwindigkeit kann die zweite Änderung die erste gerade kompensieren, und der Resonanzfall ist wieder hergestellt. Umgekehrt verschwindet die Resonanz, wenn im Resonanzfall der Empfänger oder die Quelle in Bewegung gesetzt werden. Im Falle des Fe^{57}-Isotops genügt für das Verschwinden der Resonanz eine Relativgeschwindigkeit zwischen Empfängerkristall und Quelle von nur 10^{-3} m/s.

Beim Studium des Mössbauer-Effektes in Ferromagnetika wurde eine interessante Erscheinung festgestellt. Wenn die Quelle (die eine genau definierte

Frequenz abstrahlt) in Bewegung gesetzt wird (wobei die Geschwindigkeit sich allmählich erhöhen soll), dann entstehen bei der Bestrahlung eines ferromagnetischen Empfängerkristalles durch die γ-Strahlen Maxima der Resonanzabsorption. Das heißt, in Ferromagnetika spaltet eine Spektrallinie in mehrere Linien mit verschiedenen Frequenzen auf. Es konnte gezeigt werden, daß die Aufspaltung durch das starke innere Magnetfeld hervorgerufen wird, in dem sich die Kerne des Empfängerkristalls befinden. In diesem Magnetfeld erfolgt die Aufspaltung analog dem aus der Atomphysik her bekannten ZEEMAN-Effekt. Der Grund dafür ist, daß Kerne mit

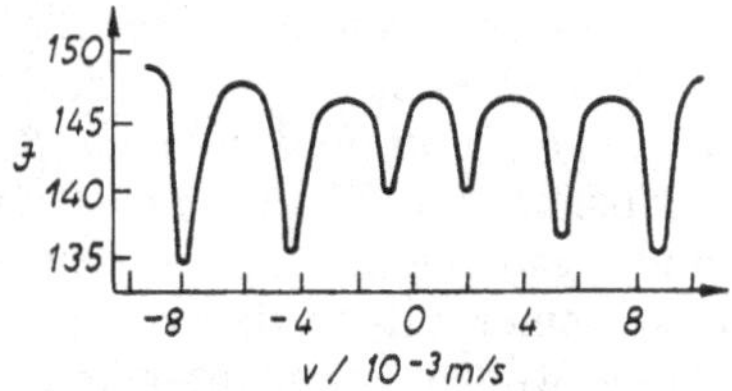

Abb. 41. Aufspaltung einer MÖSSBAUER-Linie im inneren Magnetfeld von Eisen

unterschiedlichen Orientierungen der magnetischen Momente auch voneinander verschiedene Energiewerte besitzen.

In Abb. 41 ist die Abhängigkeit der Intensität I der durch den absorbierenden Empfänger hindurchgehenden γ-Strahlung (in willkürlichen Einheiten) von der Relativgeschwindigkeit v zwischen Quelle und Empfänger dargestellt. Die Quelle sendet γ-Quanten aus, die einer nicht aufgespaltenen Linie entsprechen. Der Empfänger ist ein Eisenkristall. In der Kurve von Abb. 41 treten sechs deutliche Minima auf, die einer starken Resonanzabsorption der γ-Quanten entsprechen. Eine hohe Absorption wird jeweils bei einer bestimmten Relativgeschwindigkeit beobachtet. Aus der Größe der Aufspaltung kann die Stärke des inneren Magnetfeldes bestimmt werden. Für Eisen beträgt sie bei Raumtemperatur $26 \cdot 10^6$ A/m. Man fand ferner, entgegen jeder Erwartung, daß dieses innere Magnetfeld der Magnetisierungsrichtung des Eisens entgegengerichtet ist. Starke innere Felder wurden auch bei einer Reihe anderer Stoffe nachgewiesen. Einige Beobachtungen deuten darauf hin, daß die Ursache der inneren Magnetfelder in der magnetischen Wirkung bestimmter Elektronengruppen zu suchen ist.

Der MÖSSBAUER-Effekt wird in der Festkörperphysik erfolgreich zur Untersuchung vieler anderer Erscheinungen angewandt. Einige wichtige sollen hier nur erwähnt werden: Untersuchung der Elektronenstruktur des Festkörpers, des Bindungscharakters der Atome im Kristall und von Atomschwingungen im Kristallgitter; Untersuchung von Gitterfehlstellen, von Diffusionsprozessen, Phasenumwandlungen und Ordnungsvorgängen in Legierungen. Der MÖSSBAUER-Effekt wurde auf Grund seines breiten Anwendungsbereiches, seines großen Informationsgehaltes und seiner außerordentlich hohen Empfindlichkeit zu einer der wertvollsten Untersuchungsmethoden in der Festkörperphysik.

3.10. Plasmaschwingungen der Elektronen in Metallen

Bekanntlich existiert neben dem festen, flüssigen und gasförmigen Zustand eines Stoffes noch ein vierter — das Plasma. Als Plasma wird eine Gesamtheit positiv und negativ geladener Teilchen (normalerweise positive Ionen und Elektronen) bezeichnet, die miteinander wechselwirken. In makroskopischen Dimensionen ist das Plasma nach außen hin neutral, d. h. die Ladungsbilanz ist in solchen Volumina ausgeglichen. Diese Eigenschaft des Plasmas erhielt die Bezeichnung *Quasineutralität*.

Wesentlich dabei ist, daß im Plasma positiv und negativ geladene Teilchen in sehr großer Zahl vorhanden sind. Bei einer Verschiebung von Ladungen eines Vorzeichens relativ zu den anderen Ladungen entstehen starke elektrische Felder, die einer weiteren Verschiebung entgegenwirken und schließlich die Neutralität wiederherstellen. Das typische Beispiel für ein Plasma ist ein ionisiertes Gas, in dem sich eine große Zahl von Ionen gebildet hat. In diesem Falle kann im Plasma außer den positiven Ionen und den Elektronen auch eine bestimmte Anzahl neutraler Atome vorhanden sein.

Die Ursachen dieser Ionisierung können sehr verschiedenartig sein, so z. B. Aufheizung des Gases auf außerordentlich hohe Temperaturen oder Einwirkung einer stark ionisierenden Strahlung.

Das Plasma ist im Weltall ein sehr verbreiteter Materiezustand. In diesem Zustand liegt sowohl die Sternmaterie (hier bewirken die extrem hohen Temperaturen eine Ionisierung) als auch die Materie im interstellaren Raum und in den Gasnebeln vor (die Ionisierung wird durch die Sternstrahlung hervorgerufen). Unter den auf der Erde herrschenden Bedingungen tritt der Plasmazustand kaum auf. Er ist aber realisiert in dem ionisierten oberen Teil der Atmosphäre, der sog. *Ionosphäre.* Ferner entsteht ein Plasma bei elektrischen Gasentladungen (Blitz). In der heutigen Zeit wird dieser Zustand ausführlich in Laboratorien untersucht. Das Plasma wird dabei auf künstlichem Wege erzeugt.

Plasmauntersuchungen besitzen eine aussichtsreiche Perspektive. Durch diese Erscheinung kann man die Lösung äußerst wichtiger wissenschaftlicher und technischer Aufgaben erwarten. Dazu gehören die Realisierung gesteuerter thermonuklearer Reaktionen, die magnetohydrodynamischen Generatoren als eine Möglichkeit der direkten Umwandlung von Wärmeenergie in elektrische in volkswirtschaftlichen Dimensionen u. a.

Das Plasma besitzt besondere Eigenschaften. Es reagiert empfindlich auf elektrische und magnetische Felder. Im Plasma können charakteristische Plasmaschwingungen entstehen. Eine Reihe von Besonderheiten besitzen ferner elektromagnetische Wellen im Plasma.

Als eine besondere Form des Plasmas kann man die

wechselwirkenden Leitungselektronen in Metallen und Halbleitern ansehen. Die Löcher, d. h. die nichtbesetzten Plätze eines Bandes, spielen die Rolle der positiv geladenen Teilchen und bestimmen in gleicher Weise die Plasmaeigenschaften des Festkörpers wie die Elektronen. Eine Besonderheit dieses Plasmas besteht darin, daß die Elektronen und die Löcher sich im Kristallgitter der positiv geladenen Ionen befinden. Diese sind hinreichend fest miteinander verbunden und gewährleisten die Quasineutralität des Gesamtsystems. Die Elektronen wechselwirken nicht nur miteinander, sondern auch mit den Gitterionen. Ein solches System besitzt viele Gemeinsamkeiten mit dem gewöhnlichen Gasplasma, zeigt aber daneben spezifische Eigenschaften, die insbesondere mit der Bandstruktur des Elektronensystems zusammenhängen.

Im Elektronenplasma der Metalle können Plasmaschwingungen verschiedener Art entstehen; sie werden durch eine kollektive Anregung der Elektronen hervorgerufen. Zum Verständnis der Ursachen soll ein einfacher Fall betrachtet werden. Nimmt man z. B. an, daß in einem bestimmten Volumen die Elektronen durch äußere Einflüsse etwas verschoben wurden, dann tritt als Folge davon eine Inhomogenität in der Elektronendichte auf. Sie möge beispielsweise im betrachteten Raumgebiet zugenommen haben. Dadurch entstehen Abstoßungskräfte zwischen den Elektronen. Diese erfahren unter dem Einfluß der aus dem Volumen nach außen gerichteten Kräfte eine Beschleunigung. Im Moment der Wiederherstellung der Neutralität in diesem Volumen sind die Geschwindigkeiten der Elektronen von Null verschieden, deshalb setzen sie ihre Bewegung nach außen fort. In dem vorher betrachteten Volumen entsteht dann eine überschüssige positive Ladung. Danach verläuft der Prozeß in der umgekehrten Richtung und entsprechend weiter. Als Ergebnis entsteht eine geordnete kollektive Schwingungsbewegung des Elektronenplasmas. Diese Bewegung erfolgt im einfachsten Fall mit einer einzigen

Frequenz, die für das gegebene Metall charakteristisch ist und von der Konzentration der Leitungselektronen abhängt.

Analog den elektromagnetischen Wellen, die beim Quantenübergang als Quasiteilchen — Photonen — betrachtet werden und den Gitterschwingungen, die man durch Phononen beschreibt, entspricht auch den Plasmaschwingungen ein Quasiteilchen. Dieses Quant der Plasmaoszillationen erhielt die Bezeichnung Plasmon. Ein Plasmon besitzt die Energie $\varepsilon = h \cdot \nu$, wobei ν die Frequenz der Plasmaschwingung ist.

Die Plasmonen in Metallen wurden experimentell beim Durchgang eines Bündels schneller Elektronen durch dünne Metallfolien nachgewiesen. Wenn die Elektronen

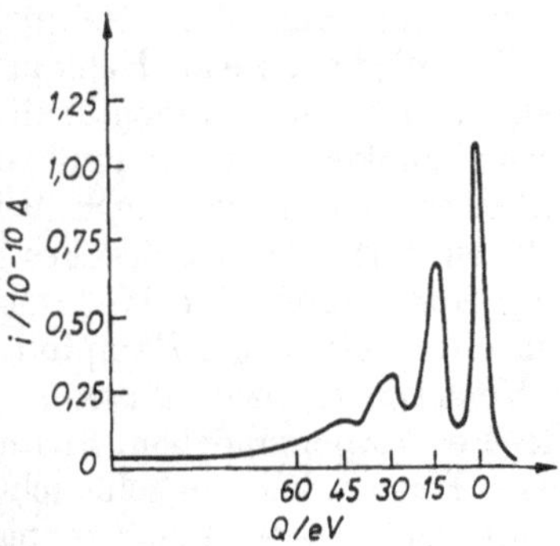

Abb. 42.
Energieverteilung von Elektronen nach dem Durchgang durch eine dünne Aluminiumfolie

vor dem Durchgang alle die gleiche Energie besitzen (einige tausend Elektronenvolt), zeigen sie nach dem Durchgang ein Spektrum verschiedener Energiewerte. Neben denjenigen Elektronen, die beim Durchgang durch die Folie keine Energieänderung erfahren haben, gibt es Gruppen von Elektronen mit Energieverlusten der Größe ε, 2ε, 3ε usw., wobei ε die Plasmonenenergie ist. In Abb. 42 ist eine typische Energieverteilungskurve von Elektronen nach dem Durchgang durch eine Aluminiumfolie dargestellt. Auf der Abszissenachse ist der Energieverlust Q der Elektronen in eV aufgetragen. Die Ordinatenachse gibt die Stromstärke i nach dem Durchgang der Elektronen durch die Folie an, wobei die Größe i der Zahl der entsprechenden Elektronen proportional ist. Es ist deutlich zu sehen, daß neben dem rechten Hauptmaximum (hervorgerufen durch Elektronen ohne Energieverlust) noch weitere Maxima auftreten. Diese liegen in Abständen von jeweils etwa 15 eV. Diese Maxima werden durch Elektronen verursacht, die beim Durchgang durch die Folie Plasmonen angeregt haben. Die Energie des Quants der Plasmaschwingungen, d. h. die des Plasmons, wurde für Aluminium auf diese Weise zu etwa 15 eV bestimmt.

Vielfältige Erscheinungen treten bei der Ausbreitung elektromagnetischer Wellen im Plasma von Metallen, die sich in einem Magnetfeld befinden, auf. Zum Beispiel sind zirkular polarisierte Wellen möglich, die als Helikons bezeichnet werden. Interessant ist deren Eigenschaft, sich mit sehr kleinen Geschwindigkeiten ausbreiten zu können. Weitere Besonderheiten zeigen sich auch bei der Ausbreitung von Schallwellen im Plasma des Festkörpers. Dabei tritt, hervorgerufen durch eine Wechselwirkung mit dem Plasma, eine charakteristische Dämpfung der Wellen auf. Auch eine Verstärkung bzw. Erzeugung von Schall ist im Plasma des Festkörpers möglich. Fließt ein starker Strom durch dieses Plasma, kann es schlauchartig zusammengeschnürt werden. Diese Erscheinung heißt Pinch-Effekt und ist aus der Physik des Gasplasmas gut bekannt.

Verschiedene Eigenschaften des Festkörperplasmas beginnen eine immer breitere Anwendung für praktische Zwecke zu finden.

Schlußbemerkung

In dem vorliegenden Buch wurden in knapper Form viele (aber bei weitem nicht alle) Eigenschaften von Metallen und Legierungen betrachtet. Dabei wurden die grundlegenden Fakten über den Aufbau metallischer Festkörper, über ihre Kristallstruktur und ihr Elektronensystem erläutert. Dem Leser sollte die Natur der in Metallen ablaufenden Prozesse verständlich gemacht werden. Allein diese Kenntnisse genügen oft schon, die Ursachen für Eigenschaftsänderungen von Metallen unter verschiedenen Bedingungen zu verstehen und zu erklären.

Die Metallphysik gehört zu den wichtigsten wissenschaftlichen Aufgabengebieten. Die Geschichte ihrer Entwicklung in den letzten Jahren zeigte besonders deutlich, daß jede neue Entdeckung auf diesem Gebiet, welchen abstrakten Charakter sie auf den ersten Blick auch besitzen mag, in den meisten Fällen bald für praktische Zwecke verwertet werden konnte. Die Fortschritte in der Metallforschung zogen völlig neue Gebiete der Technik nach sich, brachten fundamentale Verbesserungen für die industriellen Fertigungsmethoden. Darum gibt es allen Grund zu der Annahme, daß die weitere Entwicklung der Festkörperphysik und dabei insbesondere der Metallphysik einen noch größeren Fortschritt der Technik auf allen Gebieten der Volkswirtschaft gewährleisten wird.

Der Autor

- gibt in diesem Band einen kurzgefaßten und leichtverständlichen Überblick über Probleme der Metallphysik

- setzt dabei keine mathematischen Vorkenntnisse des Lesers voraus

- wendet sich an in der Praxis tätige Physiker, an Studenten der technischen Hoch- und Fachschulen, an Physiklaboranten sowie all jene, die an diesem Fachgebiet interessiert sind

WISSENSCHAFTLICHE TASCHENBÜCHER

FSC
www.fsc.org
MIX
Papier | Fördert gute Waldnutzung
FSC® C083411

Zeitfracht Medien GmbH
Ferdinand-Jühlke-Straße 7
99095 Erfurt, Deutschland
produktsicherheit@kolibri360.de